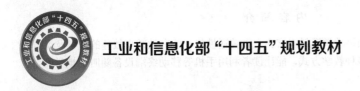

工业和信息化部"十四五"规划教材

多轴数控加工技术

主　编：王秋红　　周保牛

副主编：许爱华

参　编：许成中　　王慧宁

主　审：范超毅

U0291293

电子工业出版社·

Publishing House of Electronics Industry

北京·BEIJING

内 容 简 介

本书的授课 PPT、动画、视频等教学资料丰富齐全，普适性好，能有效减少教师的教学及课程设计工作量，能灵活适应多场合和多种教学方式，能让读者利用手机等移动终端设备随时随地学习，有助于立德树人根本任务的落实。

本书融通 1+X 证书制度标准，是理实一体、工学结合、以零部件工程图样和 3D 模型为载体的多轴数控自动编程与加工技术的项目教材。本书用转台四轴联动数控铣削双线圆柱凸轮、转台四轴定向联动加工圆形螺杆、双转台五轴定向联动加工笨风轮、叶轮模块创建刀轨五轴加工分流叶轮、三轴车铣复合加工抛物线十字联轴器、四轴车铣复合加工椭球螺纹固定轴套和定制后处理器七个项目，诠释了四轴、五轴和车铣复合加工的刀轨创建、后处理器构建、实操或仿真加工验证。每个加工项目由项目背景、学习目标、工学任务、技术咨询、项目实施、考核与提高六部分组成。项目内容由易到难、由单一到综合形成梯度，循序渐进。

本书为数控技术专业而开发，实际上凡涉及多轴数控自动编程与加工技术的相关机械加工制造行业，都适合选用本书，当然，本书也为企事业从事数控技术的工作者提供了多轴数控自动编程与加工技术的专业学习资料。

图书在版编目（CIP）数据

多轴数控加工技术 / 王秋红，周保牛主编. —北京：电子工业出版社，2022.11

ISBN 978-7-121-43714-4

Ⅰ. ①多… Ⅱ. ①王… ②周… Ⅲ. ①数控机床－加工 Ⅳ. ①TG659

中国版本图书馆 CIP 数据核字（2022）第 096202 号

责任编辑：郭乃明　　　　　特约编辑：田学清
印　　刷：涿州市般润文化传播有限公司
装　　订：涿州市般润文化传播有限公司
出版发行：电子工业出版社
　　　　　北京市海淀区万寿路 173 信箱　　　　邮编：100036
开　　本：787×1092　　1/16　　印张：16.5　　字数：391 千字
版　　次：2022 年 11 月第 1 版
印　　次：2025 年 1 月第 5 次印刷
定　　价：49.00 元

凡所购买电子工业出版社图书有缺损问题，请向购买书店调换。若书店售缺，请与本社发行部联系，联系及邮购电话：（010）88254888，88258888。

质量投诉请发邮件至 zlts@phei.com.cn，盗版侵权举报请发邮件至 dbqq@phei.com.cn。

本书咨询联系方式：guonm@phei.com.cn，QQ34825072。

前　言

多轴数控加工技术是数控加工的顶级技术，随着国家基础性和战略产业——装备制造业的迅速崛起，特别是高端多轴数控机床的大量应用而备受关注，2020 年，以 1+X 证书制度的形式颁布了多轴数控加工和数控车铣加工两项职业技能等级标准。编者紧随国家发展需要，紧紧抓住 1+X 证书制度高要求、高质量实施的时代契机，认真落实国家职教 20 条和教材管理办法，在中国共产党百年华诞、十四五规划良好开局之年，以"立德树人根本任务"为目标，按"入目乐学、入学则通""利好守成、革弊创新"的理念，按"一书一课一空间"的举措，并以纸质教材为主体，专门为所有零部件数字化加工制造课程、数控编程工作岗位精心编写了《多轴数控加工技术》。本书理实一体、工学结合、岗课赛证融通，是高品质、新形态项目化教材，提供多轴及车铣复合数控加工公式法零件建模、刀轨创建、后处理器定制、实操或仿真加工验证、工程案例等。

本书由六个加工项目和一个后处理器项目组成，《多轴数控加工技术》主要信息表如表 0-1 所示。

表 0-1 《多轴数控加工技术》主要信息表

项　目	项目名称	主要作者	参考课时	字数或折合字数（千字）	备　注
一	转台四轴联动数控铣削双线圆柱凸轮	王秋红	16	38	教材内容
二	转台四轴定向联动加工圆形螺杆	王慧宁	8	32	
三	双转台五轴定向联动加工笨风轮	王秋红	12	66	
四	叶轮模块创建刀轨五轴加工分流叶轮	许成中	8	46	
五	三轴车铣复合加工抛物线十字联轴器	许成中	12	65	
六	四轴车铣复合加工椭球螺纹固定轴套	许爱华	8	67	
七	定制后处理器	许爱华	16	71	
附 1	授课 PPT	王秋红		六章	附赠教学资源
附 2	加工项目 MP4 视频	王秋红		621 分钟	
附 3	思考与练习题答案	许成中		50	
	多轴数控加工技术职教云等网络课程设计	许爱华			暂不对外开放
	课时合计		80	385	

周保牛教授负责拟订编写大纲、细化教材目录、设计项目载体和编写项目背景、分配知识点、提出学习目标、呈现工学任务、设计编写体例、编写考核与提高和仿真加工部分、全书统稿等工作，范超毅教授为主审。

本书具有以下鲜明特色。

1. 本书是按"一书一课一空间"的举措开发的新形态纸质书本,为教师进行课程开发和教学设计、读者随时随地学习提供了现成的丰富资源。

本书是按照纸质教材、线下线上课程、理论实训课程、竞赛考证课程、岗位工作培训课程通盘考虑、总体推进的举措开发的,尽管工作量很大,但多种工作协同有序推进,多种成果相互支撑促进,整体工作卓有成效。随书配套授课 PPT、思考与练习题答案等,为教师进行课程开发和课堂教学、为读者随时随地学习提供了现成的丰富资源。

2. 本书充分体现了理实一体、工学结合、成果导向等高职高专的教育特色。

用多轴数控加工典型零件方式命名的若干项目构成了本书的基本单元,各项目由易到难编排,形成梯度,每个项目由"项目背景→学习目标(终极目标、促成目标)→工学任务→技术咨询→项目实施→考核与提高"六部分顺序有机衔接,能灵活适应多场合、多种教学方式,读者完成一个项目,就能取得成果,从而激发学习兴趣,能体现理实一体、工学结合、成果导向等高职高专的教育特色。

3. 本书的内容设计融合 1+X 证书制度标准,符合教学和人才成长规律,具体体现了职业教材基于过程培养能力系统化知识的应用性。

本书以多轴数控加工典型零件过程为逻辑主线设置项目内容,科学研发和精准优选足够多的企业典型零件图样为项目载体。在了解项目背景的基础上,锁定项目终极目标,提出项目,促成目标,按照多轴数控编程与加工职业岗位呈现工学任务。融合数控加工的 1+X 证书制度标准,将合理分配的相关知识转化为技术咨询,在设计逼真的工作情景下进行项目实施,完成工学任务,获得演练成果。通过做题(有填空题、判断题、模拟综合题、企业产品优化题等)巩固学习效果,提高从业综合水平。本书在内容设计上符合教学和人才成长规律,在叙述展开上与生产实践流程和教学规律相吻合,在培养规格上满足岗位工作需求,体现了职业教材基于过程培养能力系统化知识的应用性。

4. 载体适应资源配置,提高了教材应用的可行性、普适性。

本书通过科学研发和精准优选,将企业工程图样科学地转化设计成适合学校教育的多轴数控加工典型零件图样并作为项目载体系列,一套作为教材叙述主体,还有两套用于考核与提高。本书的叙述载体与考核与提高中的一套载体的难易程度相当,毛坯材料及规格相同,拟用典型工艺装备加工;另外一套项目载体的毛坯材料及规格基本保持企业真实零件工程图样,供书面练习,以提高工艺文件的编制能力和综合技术水平,不要求获得实体物化成果,当然,读者也可以添加更适合自己的多样典型载体。本书的载体适应资源配置,毛坯一致,管理方便,提高了教材应用的可行性、普适性。

由于时间仓促、工作量大、创新点多,书中难免有疏漏和不当之处,敬请读者批评指正,提出宝贵意见。本书的结构是否合理、实用、科学,愿与读者研讨,邮箱zbn1131@163.com。

特别说明:限于篇幅等原因,本书的部分操作步骤并未在图中显示完全,具体情况以实际操作为准；小数点后保留的数据位数因软件显示和个人设置不同而有所不同，为方便阅读，在正文描述中直接取整，省略了小数点后的零；本书的部分数据后没有单位，默认单位为 mm（Ra，即表面粗糙度的单位除外，默认为 μm）；为符合行业表述习惯，本书中对工步内容的叙述以行业术语为准；另外，为方便阅读，图文一致，本书的坐标系、坐标轴、方向等均采用正体。

编 者

2022 年 7 月于江苏常州

目　录

项目一 转台四轴联动数控铣削双线圆柱凸轮

1.1 项目背景

早些时候，我国的稻谷袋、大豆袋等包装袋使用的是麻绳袋。由于麻绳袋厚重、不防潮、不防水、寿命短、成本高，并且储藏、运输等不方便，应用范围有限，故经多方多次科技攻关，研制出了具有完全自主知识产权的高速塑料圆织机。该圆织机以塑料扁丝为原料，采用经纬织造法制出筒形塑料布，并对筒形塑料布涂镀防水塑料膜以制成蛇皮袋。用这样的方法制成的蛇皮袋不仅取代了传统的麻绳袋，还有许多其他用途，如可作为米袋、面袋、化肥袋、水泥袋、彩条篷布、筑路土工布等。

高速塑料圆织机的关键部件是平动从动件圆柱凸轮或摆杆从动件圆柱凸轮，起初用刚性靠模专机加工。但由于该部件的不同品种规格要更换相应的靠模，因此严重影响了新产品试制和批量加工。当该部件改用数控铣削专机加工后，不用靠模，更新一条数控程序就解决了加工的技术经济问题，体现了"数控之美"。圆柱凸轮是典型的机械零件，用途广泛。平动从动件圆柱凸轮是典型的四轴零件，在上面刻上双线字或单线凹字型号规格，可以作为用成型刀四轴联动加工的典型零件，解决了曲线驱动、四轴联动、成型刀加工等问题。

1.2 学习目标

● 终极目标：熟悉转台四轴联动数控铣削空间曲线技术。
● 促成目标：
（1）会选用转台四轴联动数控机床。
（2）会编制成型槽铣削工艺。
（3）熟悉可变轮廓铣工序。
（4）熟悉曲线/点驱动方法。
（5）熟悉刀轴/朝向直线/远离直线投影矢量的设置。
（6）熟悉朝向/远离直线刀轴的设置。
（7）会选用转台四轴联动数控铣削后处理器。
（8）熟悉转台四轴联动数控铣削成型槽圆柱凸轮、双线刻字技术。

1.3   工学任务

1）零件图样

图 1-1 所示为 XM1-01 双线刻字圆柱凸轮。

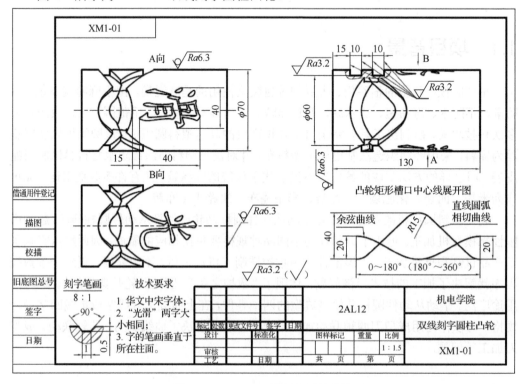

图 1-1   XM1-01 双线刻字圆柱凸轮

2）任务

（1）双线刻字圆柱凸轮建模。

（2）定制加工工艺和编程方案。

（3）创建刀轨。

（4）后处理生成 NC 代码程序。

（5）操作转台四轴联动数控机床加工双线刻字圆柱凸轮或进行仿真加工。

3）要求

（1）填写"项目一   过程考核卡"的相关信息。

（2）提交电子版、纸质版项目成果报告及"项目一   过程考核卡"。

（3）提交加工的双线刻字圆柱凸轮的照片或实物。

项目一 过程考核卡

院部____ 班级____ 小组____ 学号____ 姓名____ 互评学生____ 组长____ 指导教师____ 考核日期____ 年_月_日

考核内容

任务：
数控铣削如图 1-1 所示的 XM1-01 双线刻字圆柱凸轮

备料：
φ70mm×130mm 锻铝

备刀：
键槽铣刀 φ8mm
立铣刀 φ10mm
刻刀 φ1×90°
根据具体使用的数控机床将其组装成相应的刀具组

量具：
游标卡尺 0～125±0.02mm

评 分 表

序 号	项 目	评 分 标 准	配 分	实操测量结果	得 分	整 改 意 见
1	创建余弦曲线槽	各步骤正确无误	8			
2	创建直线圆弧相切槽	各步骤正确无误	8			
3	创建曲线文本双线字	各步骤正确无误	8			
4	创建粗加工余弦曲线精槽刀轨	各步骤正确无误	8			
5	创建粗加工直线圆弧曲线精槽相切槽刀轨	各步骤正确无误	8			
6	创建精加工余弦曲线槽刀轨	各步骤正确无误	8			
7	创建精加工直线圆弧曲线相切槽刀轨	各步骤正确无误	8			
8	创建双线刻字刀轨	各步骤正确无误	8			
9	动态模拟，确认刀轨	各步骤正确无误	3			
10	后处理生成 NC 代码程序	程序正确无误	3			
11	加工双线刻字圆柱凸轮	按图检验加工质量	25			
12	遵守规章制度、课堂纪律	遵守现场各项制度	5			
合计			100			

1.4 技术咨询

1.4.1 选用立式转台四轴联动数控镗铣床

数控机床的轴数通常是指联动轴数，并非指控制轴数，且联动轴数小于或等于控制轴数。多轴数控机床一般是指由三个直线轴加上一个以上的回转轴构成的数控机床。立式转台四轴联动数控镗铣床是常用的四轴数控机床之一。

1.4.1.1 机床结构

1）主体结构及机床坐标系统

立式转台四轴联动数控镗铣床的主体结构一般是在 XYZ 三轴立式机床的工作台上放置卧式数控转台，即第四轴。由于 XYZ 三轴立式机床工作台的 X 轴方向较长，为防止碰撞干涉等，卧式数控转台（数控分度头）的回转轴线常平行于 X 轴，转台右置。根据右手螺旋法则判断。XYZA 立式转台四轴联动数控镗铣床如图 1-2 所示。立式转台四轴联动数控镗铣床坐标系的原点可能设在 XYZ 行程极限处的主轴端面回转中心上，也可能设在卧式数控转台台面的回转中心上，前者比后者多见，但后者比前者使用起来方便。

2）第四轴零点

第四轴零点（简称四轴零点）是机床坐标系统的重要组成部分，包括零点位置、0°刻线位置等。四轴零点设在转台台面回转中心，用四轴零点在机床坐标系中的坐标值来准确表述。0°刻线常在转台侧最高点或最前面的传动箱体上，标注假定刀具静止不动、工件运动的坐标地址 A'，A'与假定工件静止不动，刀具运动的方向与 A 方向正好相反。

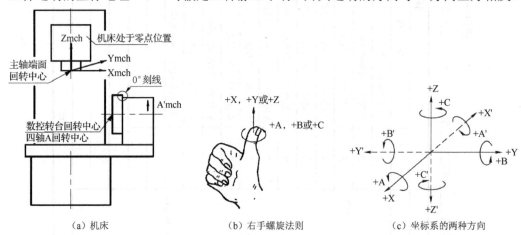

（a）机床　　　　　　　（b）右手螺旋法则　　　　　（c）坐标系的两种方向

图 1-2　立式转台四轴联动数控镗铣床的主体结构及机床坐标系统

1.4.1.2 工艺能力及主要技术参数

1）工艺能力

采用四轴联动数控加工并配合使用球刀，几乎可以加工任意曲面，使工件成型。四轴联动数控加工可以通过改变刀轴方位来避免刀尖零速度切削，从而改善刀具切削性能，也可以减少夹具装夹次数等。不可否认，联动轴数越多，机床的成型能力越强，但制造具有相同刚性和精度的回转轴通常比制造直线轴的难度大得多，因此其综合性能差一些，且售价比较高。四轴机床的最大优势是四轴联动加工轴套类零件上的曲面，当然，它兼具四轴以下的机床功能，但是由于四轴回转的绞线问题，该机床用液压、气动等自动夹具是件困难的事情，最好在订购机床时综合考虑上述问题，不过机床本身的绞线问题一般在出厂前就解决好了。

2）主要技术参数

立式转台四轴联动数控镗铣床的主要技术参数如表 1-1 所示，其在立式转台三轴机床的基础上增加了第四轴（注意，参数中的"√"表示该参数为必要参数，但因具体机床型号而异）。

表 1-1　立式转台四轴联动数控镗铣床的主要技术参数

项　目	参　数	项　目	参　数	项　目	参　数
转台直径（mm）	√	进给转速（°/min）	√	四轴中心高（mm）	√
扭矩（Nm）	√	最小分度值（°）	√	定位精度	√
行程（°）	0～360 或-999999.999～+999999.999	轴旋转方向	正向或反向	重复定位精度	
地址	A 或 B，基本没有 C	零点位置	转台台面旋转中心	工件最大重量（kg）	
快速转速（°/min）	√	零度位置		数控系统	√

（1）行程。行程常有 0°～360°、-999999.999°～+999999.999° 两种。对于 0°～360° 行程，到 360° 时自动清零，重新开始计数，整数转圈不会计算、显示、运动。而 -999999.999°～+999999.999° 就是行程极限，不得超程，整数转圈都会计算、显示、运动。对于不同的机床，行程极限不一定相同。

（2）转台旋转方向的判断法则。用右手螺旋法则判断转台旋转方向，符合该法则的转台为正转，否则为反转。机床制造厂家应严格遵守该判断法则，且最好对机床标注正回转方向及 0° 刻线，以便对其进行观察。

（3）程序段旋转方向的判断。旋转方向是指从起点到终点的过程中回转轴的具体旋向。程序段回转坐标的幅值（增量值）为正时正转，幅值为负时反转。对于 0°～360° 行程，当幅值大于 180° 或小于-180° 时，会以最短捷径反转转过小角度，一条程序段不能加工诸如长螺旋线的工件；当幅值等于±180° 时，常按上条程序段的旋转方向继续旋转。而-999999.999°～+999999.999° 行程不存在最短捷径反转问题，为编制类似加工长螺旋线的程序段提供了可能，建议优先选用。四轴机床的诸多旋转属性在机床数据中有具体设置。

1.4.2　创建四轴联动加工关键技术

四轴联动加工需要用专业 CAD/CAM 软件自动编程。自动编程的重要内容就是创建刀轨 CLSF 通用文件。创建刀轨 CLSF 通用文件的方法有很多，常用的方法是可变轮廓铣工序。

1.4.2.1 可变轮廓铣工序

可变轮廓铣工序，在 UG 中显示为【可变轮廓铣】VARIABLE_CONTOUR，在工序子类型中排在第一行的第一个位置。可变轮廓铣工序可以选择多种驱动方法、空间范围、切削模式和刀轴。对部件或切削区域进行曲面轮廓的变轴铣削是多轴加工的基本工序方法，常用于曲面轮廓的精加工。

多轴加工创建刀轨的基本原理：根据提供的精度条件在驱动几何体上产生驱动点，投影矢量把驱动点投影到部件几何体上，或者在沿投射线原路反射到部件几何体的同时，把刀位点沿投影矢量方向拽向该驱动点在部件几何体的投影位置，直到刀具切削刃上的某点与部件几何体接触而不穿过为止，输出这时的刀位点位置数据，连接这些数据便可得到刀轨。进行刀轴摆动避让干涉、改善切削性能、协助加工成型等，刀轨创建如图 1-3 所示。可见刀轨是关于刀位点的轨迹，投影矢量一定指向部件被切削加工的这一侧。驱动方法、投影矢量和刀轴是创建刀轨的三要素，创建刀轨的关键是合理匹配三要素的关系。

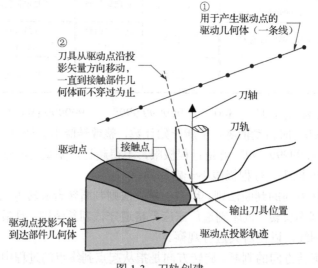

图 1-3　刀轨创建

1.4.2.2 驱动方法与曲线/点驱动方法

（1）驱动方法。

驱动方法是刀轨驱动方法的简称。驱动方法定义了在驱动几何体上创建驱动点的方法，也创建了驱动体。变轴驱动方法有九种，比定轴加工少了区域铣削、清根驱动两种驱动方法。常用的变轴驱动方法有曲线/点驱动方法、曲面驱动方法、螺旋驱动方法、边界驱动方法、流线驱动方法、径向切削驱动方法六种。要想获得形态近似驱动几何体的光滑刀轨，用户需要注意积累驱动体的选择或创建经验。驱动体可以与部件几何体有关，也可以无关，完全新建。驱动体可以是实体、片体、线、点，且新建光滑、平直的驱动体有利于形成平滑的刀轨，可避免出现跳刀现象。

（2）曲线/点驱动方法。

曲线/点驱动方法就是用曲线、点或曲线和点两者结合的方法确定驱动几何体。曲线是已有的包括直线、边缘线在内的任意曲线；点是已有的或在 XYZ 坐标系中创建的，至少要两个以上，两点间自动由直线连接；曲线和点结合的方式为曲线的端点和点之间由直线连接。

一次选择的曲线和点作为一个驱动组。驱动组内每条线素间的刀轨是不抬刀连续加工的，仅进刀抬刀一次。应合理抬刀，以添加新的驱动曲线集。

切削起点靠近被拾取曲线的端点一侧，切削方向指向另一端；封闭曲线的切削起点值常为公式的初始值，切削方向是选择曲线的顺序或点的顺序，而封闭曲线是自动给定的，无法选择，不过均可以反向切换。切削方向应尽量使转台正转、少转、平稳转动。

切削步长决定加工曲线的精度，给定驱动曲线上的点数越多，加工精度越高，程序量越大，但在实际加工中，使精度达到要求即可，切莫浪费加工时间。

曲线/点驱动方法的加工宽度和形状由刀具决定，常把槽底曲面作为部件几何体，常用设置正的部件偏置值（只能为正）的办法控制槽深，可以多刀轨分层加工。可见，曲线/点驱动方法主要用于用成型刀加工成型槽、刻字、刻线等。刀具中心轨迹就是槽宽中心线，刀具直径就是槽宽、线宽，也可以偏置刀轨。

1.4.2.3　投影矢量与刀轴投影矢量

（1）投影矢量。

投影矢量可以确定驱动点投影到部件表面的方式，以及刀具接触部件表面的哪一侧。驱动点沿投影矢量投影到部件表面，刀具总是从投影矢量逼近的一侧定位到部件表面上。当假想的投影源与驱动体置于部件的同一侧时，驱动点从驱动体直射到部件表面的投影侧；当投影源与驱动体分别置于部件的两侧时，驱动点以投影矢量的相反方向从驱动体反射到部件表面的投影侧，如图 1-4 所示，驱动点 P_1 以投影矢量的相反方向反射到部件表面的投影侧创建点 P_2，P_2 点还是在部件的投影侧。不同的驱动方法定义投影矢量的方法不同，除清根驱动方法外，其他驱动方法都可以定义投影矢量，但如果没有定义部件几何体，那么也不能使用投影矢量。投影矢量有刀轴、远离直线、朝向直线、远离点、朝向点、垂直于驱动体、朝向驱动体、指定矢量八种。

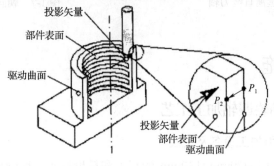

图 1-4　投影矢量

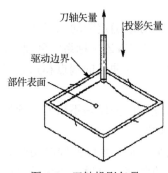

图 1-5　刀轴投影矢量

（2）刀轴投影矢量。

刀轴投影矢量就是用刀轴矢量的相反方向作为投影矢量，如图 1-5 所示。由于刀轴投影矢量的选择依赖于刀轴矢量，没有设置的余地，也就没有设置对话框，相对简单，用途广。

1.4.2.4　刀轴、远离直线刀轴和朝向直线刀轴

（1）刀轴。

刀轴即刀轴矢量，其方向由刀尖指向刀柄。刀轴用来确定刀具相对驱动体的空间位姿。变轴加工需要控制刀轴，刀轴控制需要与驱动方法配合，才能完成不同的加工任务。刀轴种类很多。四轴加工常用远离直线、朝向直线、四轴垂直于驱动体、四轴垂直于部件、四轴相对于驱动体和四轴相对于部件六种刀轴，在项目一中介绍前两种，在项目二中介绍后四种。在选择刀轴时要注意，选择的刀轴应有助于形成合适的刀轨，保证加工形状和质量等，也要避免机床、刀具、夹具、零件间可能存在的干涉，还要减小转台的旋转角度，且使刀轴均匀缓慢运动，这些都有助于提高多轴加工质量。

（2）远离直线刀轴和朝向直线刀轴。

远离直线刀轴定义从发散线向外发射、经过刀尖、指向刀柄的可变刀轴，如图 1-6 所示。发散线位于去除材料的反侧，刀轴可沿发散线移动，并且始终与发散线垂直，与四轴加工外圆柱面相吻合。朝向直线刀轴正好与远离直线刀轴相反，如图 1-7 所示，常用于内圆柱面的四轴加工。发散线和聚焦线是已存在的直线或现创直线，尽管被选后有箭头指示，但实际上它们没有方向性。

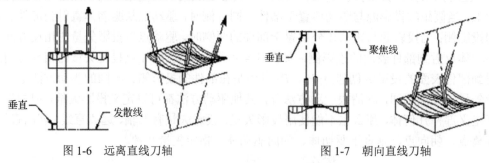

图 1-6　远离直线刀轴　　　　　　图 1-7　朝向直线刀轴

1.5　项目实施

1.5.1　编制圆柱凸轮四轴加工工艺

1. 分析图样选用加工设备及工装

上道工序已使工件 $\phi70\text{mm}\times130\text{mm}$ 的尺寸和精度达到了图纸要求，现加工凸轮槽和刻字。

在圆柱体表面 360°方向上开深度相同的、有具体行程规律曲线要求的矩形凸轮槽。槽中心实际上是由一个回转轴和一个轴向移动的直线轴两轴联动合成的空间曲线，至少需要一个回转轴才能成型。选用现有 NMC-50Vsp 转台四轴立式加工中心，自带三爪卡盘夹持工件，用游标卡尺（0～125±0.02mm）测量工件。

矩形凸轮槽宽度为 10mm、深度为 5mm，均是自由尺寸，三面要求 $Ra3.2\mu m$。经调研了解到，槽内用钢质圆柱滑块，滑块与槽底部不接触，约有 1mm 的间隙，但要求槽两侧光滑，防止滑块运动不均匀而产生振动，杜绝卡死现象出现。尽管槽宽是自由尺寸，但两侧面在 360°方向的宽度应尽量相同，误差越小越好。凸轮槽底达 $Ra6.3\mu m$ 即可，低于侧面 $Ra3.2\mu m$ 的要求。槽底倒角较小，不需要专门加工，可见，凸轮槽由加工刀具形成即可。

2．拟定加工方案，划分加工工序

按照成型槽加工设计加工工艺，一次装夹为一道工序，分粗、精铣两个步骤完成对凸轮槽的加工。先用 $\phi8mm$ 钨钢键槽铣刀沿槽中心线多刀轨分层开粗，深度方向留 0.1mm余量，精加工方法同粗加工，选用 $\phi10mm$ 钨钢立铣刀对凸轮槽进行加工，选用$\phi1mm\times90°$ 刻刀刻字。综合考虑拟定加工方案，如表 1-2 所示（表中，mm/z 表示毫米/齿，下同）。

表 1-2　加工方案

步　号	工 步 内 容	刀　具	切削速度 m/min	主轴转速 rpm	进给量 mm/z	进给速度 mm/min	层厚 mm
1	粗铣凸轮槽达 $Ra6.3\mu m$，槽底留余量 0.1mm	$\phi8mm$ 钨钢键槽铣刀，2 刃	87	3500	0.05	350	1
2	精铣凸轮槽宽 10mm，$Ra3.2\mu m$，槽深 5mm，$Ra6.3\mu m$	$\phi10mm$ 钨钢立铣刀，3 刃	94	3000	0.03	300	1
3	刻字	$\phi1mm$ 钨钢立铣雕刻刀	62	20000	0.02	400	0.1

成型槽的类型较多，其截面如图 1-8 所示。用成型刀加工封闭成型槽时，消除进刀、退刀的接刀痕迹是件困难的事情，即使采用预钻工艺孔的方法也难以消除；为了减少精加工余量，可采用【圆弧-平行于刀轴】切线方式进刀、退刀，如图 1-9 所示；若曲线没有直线段，采用【圆弧-平行于刀轴】切线方式进刀、退刀时，可能会发生多切或少切现象，这时将各面分开，用偏置曲线驱动加工刀具，会使直径更小，尽管加工效率低，截面精度一致性控制较困难，但表面可以采用顺铣或逆铣相同的切削方式，采用【圆弧-垂直于刀轴】切线方式进刀、退刀，如图 1-10 所示，表面质量有可能达到较高精度。

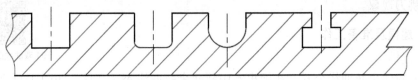

图 1-8　成型槽的截面

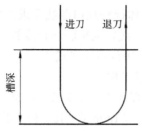

图 1-9　采用【圆弧-平行于刀轴】切线方式
进刀、退刀

图 1-10　采用【圆弧-垂直于刀轴】切线方式
进刀、退刀

1.5.2　创建刀轨

1．确定编程方案

为了获得高质量的光滑圆柱面，避免 Z 向跳刀，可创建一个与凸轮槽底面等径但长度略长的圆柱体作为部件几何体。创建的圆柱体也方便多刀轨分层铣削控制槽深。用于刀轨模拟的毛坯选用包容圆柱体，与凸轮外圆柱底面等径、略长，方便选择。用槽宽中心线作为驱动曲线，用刀具直径控制槽宽，合理匹配投影矢量、刀轴等，圆柱凸轮可变轮廓铣编程方案如表 1-3 所示。

表 1-3　圆柱凸轮可变轮廓铣编程方案

加工部位	工步	部件	毛坯	驱动方法	投影矢量	刀轴	多刀轨	余量	进刀退刀	公共安全
槽	粗铣	ϕ60mm×160mm圆柱体	ϕ70mm×150mm	曲线/点，槽宽中心线，切削步长数量为10	刀轴或朝向直线	远离直线	部件余量偏置5mm，步进增量1mm	0.5mm	插削	ϕ80mm圆柱
	精铣	同上	同上	同上	同上	同上	同上	0	同上	同上
双线刻字		ϕ69mm×140mm圆柱体	同上	曲线/点，字轮廓曲线，切削步长数量为10	同上	同上	同上	0	同上	同上

注意，如果选择圆柱凸轮作为部件，不仅控制槽深不便，还易于出现大的跳刀现象。如果用槽底圆柱作为部件，将建模时的槽中线作为驱动曲线，仍出现几 μm 的 Z 向微小跳刀现象，那么一般通过槽口创建直纹面，抽取其 UV 等参数曲线作为驱动曲线，可避免出现跳刀现象。

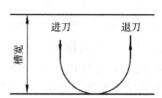

01 双曲线凸轮-建模

2．建模及准备工作

1）建模

（1）新建余弦曲线公式。在记事本中新建余弦曲线.exp 文件，如图 1-11 所示，注意曲线起止位置的参数赋值方法。

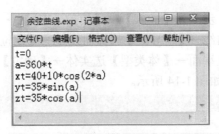

图 1-11　余弦曲线

（2）创建 $\phi70×130$ 圆柱。进入建模环境，以 X 轴为轴线，坐标系原点在端面，创建 $\phi70×130$ 圆柱。

（3）创建余弦曲线。步骤为【工具】→【表达式】→【从文件导入表达式】→【确定】→【插入】→【曲线】→【规律曲线】→【确定】。

（4）展开余弦曲线。与 $\phi70$ 圆柱面相切且在+Z 向创建基准平面，步骤为【插入】→【派生曲线】→【缠绕/展开曲线】→【类型】选展开→【曲线或点】选余弦曲线→【面】选柱面→【刨】选基准平面→【确定】，为绘制直线圆弧相切曲线准备定位参考。

（5）绘制直线圆弧相切曲线。直线圆弧相切曲线的最低点定位在余弦曲线的最高点下间距 20 处，均分 $\phi70$ 圆柱周长，绘制草图曲线，直线圆弧相切曲线如图 1-12 所示。在图 1-12 中，直线上的断点专门为圆弧进刀抬刀设置。

（6）缠绕直线圆弧相切曲线。步骤为【插入】→【派生曲线】→【缠绕/展开曲线】→【类型】选缠绕→【曲线或点】选直线圆弧相切曲线→【面】选柱面→【刨】选基准平面→【确定】。

（7）绘制凸轮槽截面曲线。以曲线为中心，控制截面宽度；以圆柱母线为基准控制槽深；截面应高出圆柱面，以完全截交，如图 1-13 所示。

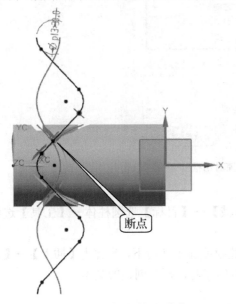

图 1-12　直线圆弧相切曲线

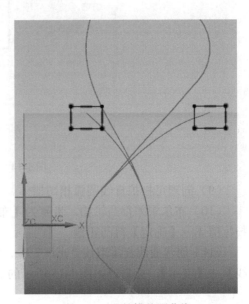

图 1-13　凸轮槽截面曲线

（8）扫掠余弦槽体。步骤为【插入】→【扫掠（W）】→【扫掠（S）】→【截面】选余弦的矩形相连封闭曲线→【引导线】选择曲线(1)→【定位方法】→【方向】选面的法向→【选择面】选圆柱端面→【体类型】选实体→【确定】（截面与引导线的方向最好符合右手螺旋法则），如图 1-14 所示。

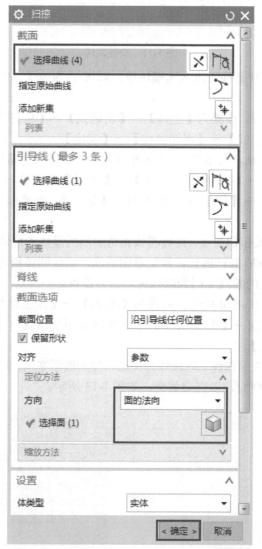

图 1-14　扫掠对话框

（9）同理可扫掠直线圆弧相切槽体。

（10）布尔求差得凸轮槽。步骤为【布尔减】→【目标】选圆柱体→【工具】选两扫掠槽体→【确定】得凸轮槽。

（11）创建曲线文本双线"光滑"字。在建模或加工环境下，步骤为【插入】→【曲线】→【文本】，会出现如图 1-15 所示的文本创建对话框及创建的文本。

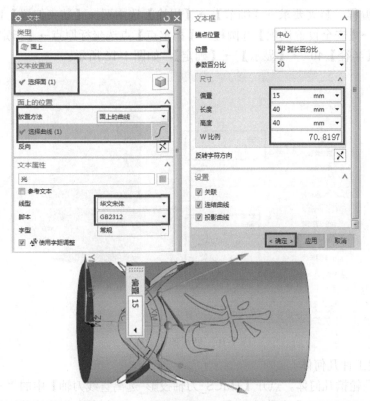

图 1-15　文本创建对话框及创建的文本

　　步骤为【类型】选面上→【选择面】屏选 ϕ70 圆柱面槽的上部→【放置方法】选面上的曲线→【选择曲线】屏选余弦槽上槽口边缘线（出现箭头线，必要时【反向】选向上）→【文本属性】输入"光"→【线型】选华文宋体→【脚本】选 GB2312→【字型】选常规→【锚点位置】选中心→【位置】选弧长百分比→【参数百分比】50→【偏置】15→【长度】40→【高度】40→【高度】40→【☑关联】→【☑连结曲线】→【☑投影曲线】→【确定】。同理，【选择曲线】屏选另一侧余弦槽上槽口边缘线（出现箭头线，必要时【反向】选向上），创建"滑"。

　　2）加工准备工作

　　拉伸部件几何体。以 ϕ70 圆柱边线为曲线，分别单侧偏置-5、-0.5，拉伸 ϕ60×160 凸轮实体部件几何体、ϕ69×140 双线光字实体部件几何体。

3．创建粗铣凸轮余弦槽刀轨

　　1）进入多轴加工环境

　　步骤为【加工】→【cam_general】→【mill_multi_axis】→【确定】。

　　2）创建工件坐标系

　　将工件坐标系 XM-YM-MZ（加工坐标系）建立在 ϕ70 圆柱左端面回转中心，并让工作坐标系 XC-YC-ZC 与其重合，使参数设置、对刀、测量均方便。步骤为【几何视图】→两次间隔单击【+MCS】→将【+MCS】名称标记为【+MCS_刀轴投影_远离直线刀轴】→双击【+MCS_刀轴投影_远离直线刀轴】→显示几个坐标系

02 双曲线凸轮-加工
准备之部件建模

03 双曲线凸轮-加工
准备之基本设置

重合，符合编程、装夹要求→【细节】→【用途】选主要→【装夹偏置】1，对应工件坐标系 G54→【安全设置选项】选圆柱→【指定点】点选坐标原点→【指定矢量】选坐标轴 XC→【半径】40 →【显示】→【确定】，如图 1-16 所示。

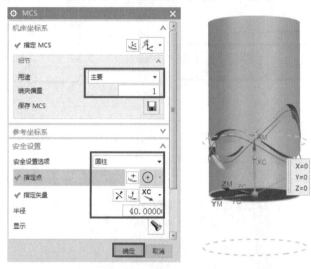

图 1-16　创建加工坐标系

3）创建工件几何体

（1）铣凸轮槽几何体。点开【+MCS_刀轴投影_远离直线刀轴】中的"+"→将工件几何体【+WORKPIECE】名称改为【+WORKPIECE_刀轴投影_远离直线刀轴_槽】以示标记→双击【+WORKPIECE_刀轴投影_远离直线刀轴_槽】→【指定部件】选 ϕ60×160 圆柱体→【指定毛坯】→【类型】选包容圆柱体→【偏置】5→【确定】，如图 1-17 所示。

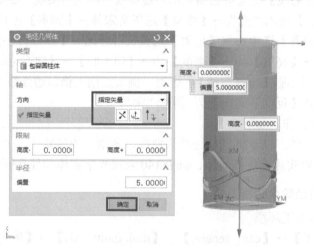

图 1-17　选择毛坯几何体

（2）创建刻字工件几何体。复制、粘贴【+WORKPIECE_刀轴投影_远离直线刀轴_槽】并改名为【+WORKPIECE_刀轴投影_远离直线刀轴_字】，双击，【指定部件】选 ϕ59×140 圆柱体→【指定毛坯】→【类型】选包容圆柱体→【偏置】0.5→【确定】→【确定】→按"Ctrl+B"组合键隐藏两个工件几何体。

两个工件几何体继承了同一工件坐标系，部件几何体不同，毛坯几何体相同。

4）创建刀具

几何体创建完毕后，按流程创建刀具。创建全部所需要的刀具，便于一并按顺序编号等。

（1）创建 $\phi8$ 键槽铣刀 MILL_D8R0_Z2_T0101。步骤为【机床视图】→【创建刀具】，如图 1-18 所示。

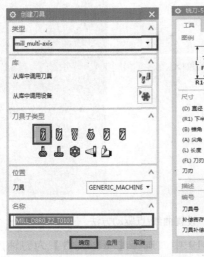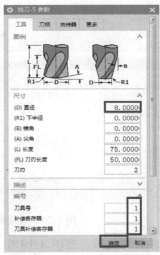

图 1-18　创建刀具

（2）同理创建 MILL_D10R0_Z3_T0202 铣刀。

（3）同理创建 CHAMFER_MILL_D6_C2.5_B45_小 D1_Z2_T0303 刻刀。

04 双曲线凸轮-切槽-粗

5）创建粗铣工序

（1）创建可变轮廓铣工序。步骤为【几何视图】→【创建工序】VARIABLE_CONTOUR_T0101_余弦，如图 1-19 所示。

图 1-19　创建可变轮廓铣工序

（2）设置曲线/点驱动方法。在图 1-19 中选择【驱动方法】为曲线/点，出现曲线/点驱动方法对话框，如图 1-20 所示。选取余弦线列表，步骤为【驱动组 1】→【切削步长】→【数量】10→【确定】。黄色箭头是切削起点和切削方向。用反向键调整切削方向，使其与+XM 轴符合右手螺旋法则，尽量让第四轴正转。

图 1-20　设置曲线/点驱动方法

（3）设置刀轴投影矢量。在图 1-19 中，选择【投影矢量】为刀轴，无对话框。若选择【投影矢量】为朝向直线，则会出现朝向直线对话框，如图 1-21 所示。点击+XM 向蓝色粗体箭头，+XM 轴变色，【指定点】选圆柱体中心，单击【确定】，圆柱体轴线为朝向直线投影聚焦线。

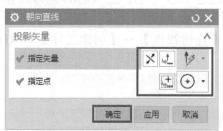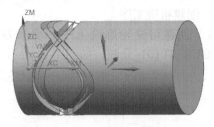

图 1-21　设置朝向直线投影矢量

（4）设置远离直线刀轴，如图 1-22 所示。

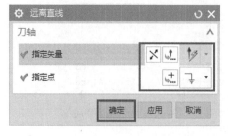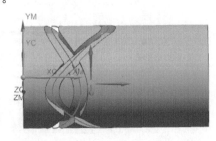

图 1-22　设置远离直线刀轴

（5）设置切削参数。多刀轨加工，槽深（部件余量偏置）设为 5，增量 1；槽底留加工余量（部件余量）为 0.2，槽宽精度由刀具直径控制。在图 1-19 中，单击【切削参数】出现切削参数对话框，如图 1-23 所示。

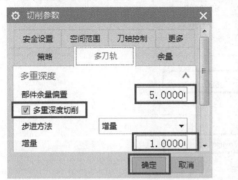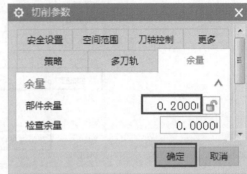

图 1-23　切削参数对话框

（6）设置非切削移动。在图 1-19 中，单击【非切削移动】会出现如图 1-24 所示的非切削移动对话框。步骤为【进刀】→【进刀类型】选线性-垂直于部件；退刀与进刀相同；【公共安全设置】选圆柱。

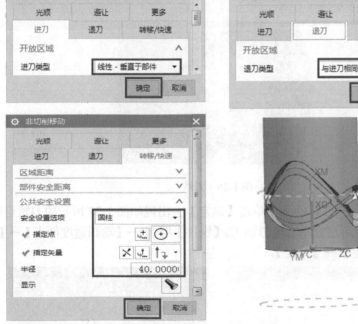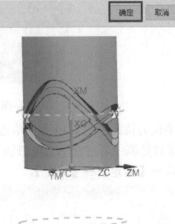

图 1-24　非切削移动对话框

（7）设置进给率和速度。在图 1-19 中，单击【进给率和速度】会出现如图 1-25 所示的进给率和速度对话框。步骤为【主轴转速 rpm】3500→【☑主轴转速(rpm)】→【计算器】。【切削】350→【计算器】→【☑在生成时优化进给率】→【进刀】设为 50%，实心料的进给速度降低 50%→【确定】。

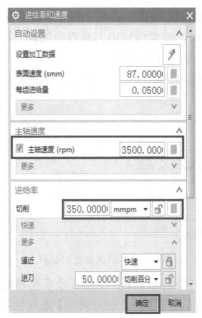

图 1-25　进给率和速度对话框

（8）生成刀轨。在图 1-19 中，单击【生成】会出现如图 1-26 所示的刀轨。

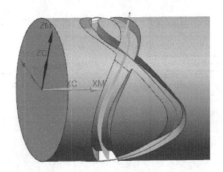

图 1-26　刀轨

（9）确认刀轨。在图 1-19 中，单击【确定】会出现如图 1-27 所示的刀轨可视化对话框。在该对话框中可进行动态模拟加工。【铣削】用 2D→【动画速度低点】→【播放】选检查无误→【确定】→【确定】。

图 1-27　动态模拟加工

4．创建粗铣凸轮直线圆弧相切槽刀轨

复制、粘贴 VARIABLE_CONTOUR_T0101_余弦，并将名称改为 VARIABLE_CONTOUR_T0101_直线，双击，在对话框中修改参数。将驱动曲线改为直线圆弧相切曲线，切削起点选在前面直线的专门断点处，【进刀类型】选圆弧-平行于刀轴，生成刀轨、模拟、确定、存盘，如图 1-28 所示。

04 双曲线凸轮-切槽-粗

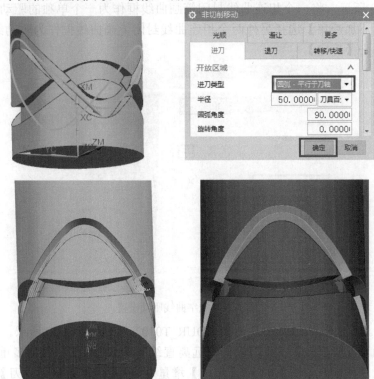

图 1-28 粗铣凸轮直线圆弧相切槽刀轨

5．创建精铣凸轮槽刀轨

（1）复制、粘贴 VARIABLE_CONTOUR_T0101_直线，将名称改为 VARIABLE_CONTOUR_T0202_直线，修改参数，将【工具】改为 MILL_D10R0_Z3_T0202，取消【多刀轨】，用单刀轨切削，余量为 0、主轴转速为 3000、进给速度为 300，生成刀轨、确定、存盘。

05 双曲线凸轮-切槽-精

（2）复制、粘贴 VARIABLE_CONTOUR_T0101_余弦，将名称改为 VARIABLE_CONTOUR_T0202_余弦，按上述方法修改，生成刀轨、确定、存盘。

6．创建刻双线字刀轨

1）创建刻字工件几何体

在"MCS_刀轴投影_远离直线刀轴"下创建刻字工件几何体"WORKPIECE_刀轴投影_远离直线刀轴_字"，【指定部件】屏选 $\phi69\times140$ 圆柱体→【指定毛坯】选包容圆柱体→【偏置】设为 0.5→【确定】。

2）创建刻字工序

（1）光。选"mill_multi-axis"创建工序，【刀具】为 CHAMFER_MILL_D6_C2.5_B45_小 D1_TZ2_0303 刻刀→【几何体】为 WORKPIECE_刀轴投影_远离直线刀轴_字→【方法】为 MILL_FINISH→【名称】为 VARIABLE_CONTOUR_T0303_光→【确定】，光字曲线驱动设置如图 1-29 所示。将一个相连曲线封闭笔画曲线框作为一个单独的驱动组，通过【添加新集】选择另外两个相连曲线封闭笔画曲线框作为驱动组 2 和驱动组 3 后，单击【确定】。

06 双曲线凸轮-刻字-光

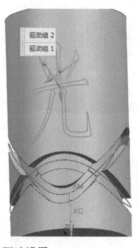

图 1-29　光字曲线驱动设置

（2）滑。同理得 VARIABLE_CONTOUR_T0303_滑，如图 1-30 所示。

步骤为【投影矢量】→【刀轴】选远离直线→【多刀轨】→【☑多重切削】→【部件余量偏置】0.5→【步进】增量 0.1→【确定】→【进刀】线性-垂直于部件→【退刀】与进刀相同→【公共安全设置】为圆柱 R40→【主轴转速】20000rpm→【进给】400mm/min→【确定】→【生成】→【确定】→【2D】模拟。光滑刀轨确认模拟如图 1-30 所示。

07 双曲线凸轮-刻字-滑

图 1-30　光滑刀轨确认模拟

1.5.3　后处理生成 NC 代码程序

08 双曲线凸轮-后处理

选择 FANUC 系统、XH713A 立式转台四轴顺序换刀加工中心 4A_VM0_F6M_seq_G01_360_FZ 后处理器，输出 NC 代码程序。将 O####改为 O101，并保存为双线刻字圆柱凸轮 101.txt 供加工使用。

```
    (Total Machning Time : 22.01 min)  加工时间
    O101
    N0010 M09
    N0020 M05
    N0030 G91G28Z0
    N0040 T01 M06   顺序换刀
    (Tool_name: MILL_D8R0_Z2_T0101)
    N0050 G00 G90 G54 X40. Y0.0 A0.0 S3500 M03    0°开始粗加工余弦曲线，工件
坐标系 G54
    N0060 G94  mm/min 进给速度 F
    N0070 G43 Z42.2 H01 刀具长度补偿
    N0080 G01 Z34.2 F175. M08   低速进刀
    N0090 X39.877 A4.5 F350.  高速工进、两轴联动粗加工余弦曲线槽
    N0100 X39.511 A9.
    ……
    N4400 G00 Z40.  抬刀到安全圆柱面
    N4410 G00 G90 G54 X36.689 Y2.871 A325.67 S3500 M03
    N4420 Z39.897
    N4430 Z38.244
    N4440 G01 X36.492 Y2.663 Z36.71 F175.
    N4450 X35.905 Y2.044 Z35.403
    N4460 X35.02 Y1.109 Z34.522
    N4470 X33.969 Y0.0 Z34.2
    N4480 X32.972 A327.435 F350.   两轴联动粗加工直线圆弧相切曲线槽
    N4490 X31.974 A329.2
    N4500 X30.976 A330.965
    ……
    N5640 X33.969 A325.67
    ……
    N0370 M09
    N0380 M05
    N0390 G91G28Z0
    N0400 T02 M06
    (Tool_name: MILL_D10R0_Z3_T0202)
    N0410 G00 G90 G54 X37.599 Y3.362 A325.67 S2992 M03
    N0420 G43 Z39.858 H02
    N0430 G01 Z35.052 F150.
    N0440 X37.432 Y3.206 Z33.505
    N0450 X36.921 Y2.734 Z32.103
    N0460 X36.118 Y1.99 Z30.986
    N0470 X35.101 Y1.048 Z30.261
    N0480 X33.969 Y0.0 Z30.
    N0490 X32.972 A327.435 F300.   两轴联动精加工直线圆弧相切曲线槽
    ……
    N1480 X33.969 A325.67
    N1490 X32.84 Y-1.045 Z30.28
```

```
N1500 X31.829 Y-1.981 Z31.023
N1510 X31.036 Y-2.715 Z32.154
N1520 X30.539 Y-3.175 Z33.564
N1530 X30.386 Y-3.317 Z35.114
N1540 Z39.862
N1550 G00 G90 G54 X40. Y0.0 A0.0 S2992 M03
N1560 Z40.
N1570 G01 Z30. F150.
N1580 X39.877 A4.5 F300.    两轴联动精加工余弦曲线槽
......
N2360 X39.877 A355.5
N2370 X40. A0.0
N2380 Z40.
N2390 M09
N2400 M05
N2410 G91G28Z0
N2420 T03 M06
(Tool_name: CHAMFER_MILL_D6_C2.5_B45_小 D1_TZ2_0303)
N2430 G00 G90 G54 X101.237 Y0.0 A341.36 S10000 M03
N2440 G43 Z40. H03
N2450 Z38.8
N2460 G01 Z35.5 F200.
N2470 Z34.9
N2480 X100.365 A342.345 F400.
N2490 X99.497 A343.337    两轴联动刻字
......
N9180 X78.64 A199.453
N9190 Z38.8
N9200 G00 Z40.
N9210 M09
N9220 M05
N9230 G91G28Z0
N9240 T00 M06
N9250 M30
```

可见，程序从 XM-YM-ZM 坐标系的 A0.0 开始下刀加工，X、A 两轴联动正好整转一周，完成一层的余弦曲线槽加工；从 A325.67 下刀，圆弧切入曲线点是 A343.337，X、A 两轴联动正好整转一周，完成一层的直线圆弧相切曲线槽加工，刻字也用 X、A 两轴联动加工，符合工艺方案和刀轨中的切削开始、结束位置、顺序换刀、刀具长度补偿等功能，均符合编程和机床要求。

1.5.4 操作加工

1. 宇龙软件仿真加工

选 FANUC 系统转台四轴立式加工中心，开机回零后将主轴刀具手动移动到不易超程和防机床碰撞干涉等位置，三爪卡盘夹 φ70×130 毛坯（移动至最外），用 T01=φ8 平

09 双曲线凸轮-宇龙
四轴仿真-基本操作

底刀对刀设置 G54 的零点偏置值 X_、Y_、Z0 和 H01 刀具长度补偿值，用 T02=φ10 平底刀对刀设置 H02 刀具长度补偿值，用 T03=φ1 平底刀对刀设置 H03 刀具长度补偿值，DNC 导入 O101 程序，自动加工，宇龙软件仿真加工结果如图 1-31 所示。锯齿毛边由软件缺陷所致，总体看，程序格式正确，加工零件形状正确。宇龙软件有几种数控系统的多轴机床，高度近似现场机床实体，模拟加工过程逼真，能准确检验程序格式的正确与否，色彩清晰，视觉效果好，使用方便，但在质量方面，机床、控制系统、刀具系统和毛坯种类等尚有进一步完善的空间，尚无加工时间计算、程序优化等功能。

10 双曲线凸轮-宇龙四轴仿真-导入加工

图 1-31　宇龙软件仿真加工结果

2. VERICUT 软件仿真加工

自制通用系统转台四轴铣床、刀具文件等，装夹 φ70×150 毛坯，导入 O201 程序，自动加工零件，VERICUT 软件仿真加工如图 1-32 所示。使用 VERICUT 软件仿真加工，可以自制各种机床和数控系统，能有效优化程序，提高加工效率，使零件加工部位光滑美观，提高软件质量，但自制机床需要更多时间，且配置系统地址等需要专业知识。

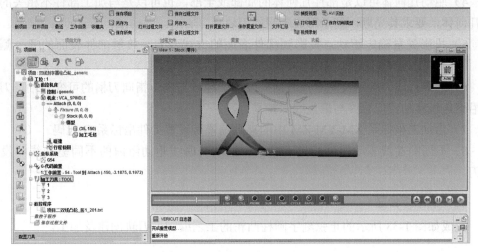

图 1-32　VERICUT 软件仿真加工

1.6 考核与提高

学生可通过做题验证、考核、提高自身相应的能力。按 100 分计，填空题、判断题分别占 10% 的分数；模拟综合题占 40% 的分数，需要按图样要求模拟加工或在线加工、测量，并自制项目过程考核卡记录检验结果，以巩固、验证其基本岗位工作能力；纺机绕线棍是企业产品优化题，占 40% 的分数，需要模拟加工，并参照项目实施方法书写项目成果报告，以提高其从业技术水平。

一、填空题

1）常见转台四轴加工中心有（　　　）四轴和（　　　）四轴两种。

2）转台四轴零点常设置在（　　　）。

3）四轴机床有（　　　）轴定位和（　　　）联动加工两种方式。

4）可变轮廓铣可以选择多种（　　　）、（　　　）和（　　　）匹配，但成型槽加工常用（　　　）作为部件几何体，进行（　　　）分层加工。

5）曲线/点驱动方法就是用（　　　）、（　　　）或（　　　）的方法确定驱动几何体，曲线包括（　　　）或（　　　）、（　　　）或（　　　）曲线。

6）投影矢量指向零件（　　　）一侧表面。

7）四轴机床的对刀方法包括零点偏置值设置、刀具补偿值设置（　　　）三轴机床。

二、判断题

1）XYZA 多是卧式转台四轴加工中心的坐标轴配置，而 XYZB 多是立式转台四轴加工中心的坐标轴配置。　　　　　　　　　　　　　　　　　　　　　（　　）

2）选用四轴数控镗铣床的主要目的是四轴联动加工可以使工件成型，获得有利于改善切削性能的刀具与工件之间的位姿关系，减少装夹次数等。　　　　（　　）

3）在成型槽范成法加工工艺中，成型槽的截面形状就是刀具的形状。　（　　）

4）驱动几何体可以是部件几何体的局部或全部，也可以是与加工部件不相关的其他几何体，要求其光顺，便于形成理想的刀轨。　　　　　　　　　　（　　）

5）投影矢量确定驱动点投影到部件表面的方式及刀具接触部件表面的哪一侧。
　　　　　　　　　　　　　　　　　　　　　　　　　　　　　　（　　）

6）远离直线刀轴定义从聚焦线向外发散、经过刀尖、指向刀柄的可变刀轴。刀轴可沿聚焦线移动，但始终与聚焦线保持垂直。　　　　　　　　　　　　（　　）

7）由加工坐标系 XM-YM-ZM 中的夹具偏置号设置工件坐标系 G 代码。（　　）

8）不同的曲线驱动组间肯定有抬刀，但同一曲线驱动组内的不同驱动线间没有抬刀。　　　　　　　　　　　　　　　　　　　　　　　　　　　　　（　　）

三、模拟综合题

完成如图 1-33 所示的正弦刻字圆柱凸轮的工艺编制、刀轨创建及加工。

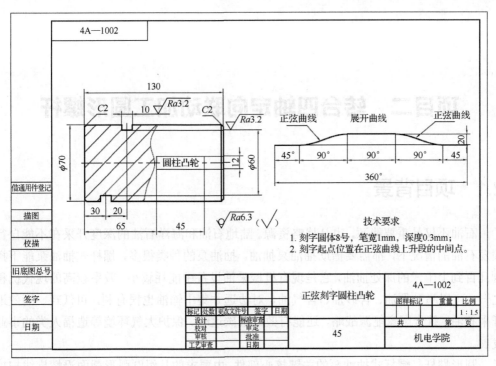

图 1-33　正弦刻字圆柱凸轮

四、企业产品优化题

完成如图 1-34 所示的纺机绕线棍的工艺编辑、刀轨创建及加工。

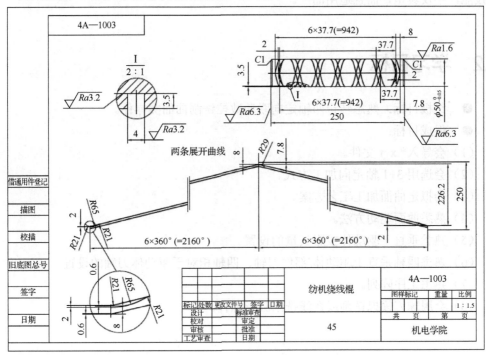

图 1-34　纺机绕线棍

项目二　转台四轴定向联动加工圆形螺杆

2.1　项目背景

石油不仅是重要能源,也是战略资源。陆地石油和海洋石油的深度开采在不能自行喷发石油的情况下,都需要借助抽油泵抽油。抽油泵的种类很多,螺杆式抽油泵能下探到几百到上千米的深处抽油,它是现有机械采油设备中能耗较小、效率较高的现代机种之一,可以举升稠油、含砂油、含气油,对边远井集中输油也很有利,可低耗、高效地开采石油,符合国家能源战略,还能有效助推碳达峰、保护大气环境等造福人类的事业发展。

圆形螺杆是螺杆式抽油泵的关键核心部件,由要求的几组圆弧形截面沿螺旋线扫掠而成,是由三个线性和一个回转共四个自由度合成的形状复杂的零件,将其作为项目载体,从圆柱形毛坯开始加工,可以让学生掌握 3+1 轴定向加工、曲面驱动四轴联动加工等技能,不仅典型,而且适用面广。

2.2　学习目标

● 终极目标:熟悉转台四轴定向联动数控铣削曲面类零件。
● 促成目标:
(1)会导入*.x_t 文件。
(2)会选用 3+1 轴定向加工方式。
(3)会拟定曲面加工工艺方案。
(4)熟悉曲面驱动方法。
(5)熟悉垂直于驱动体投影矢量的设置。
(6)熟悉四轴垂直于驱动体/部件刀轴、四轴相对于驱动体刀轴的设置。
(7)熟悉工序阵列。
(8)会用球刀模拟铣削或在线铣削圆形螺杆。

2.3 工学任务

1）零件图样

图 2-1 所示为 XM2-01 圆形螺杆。

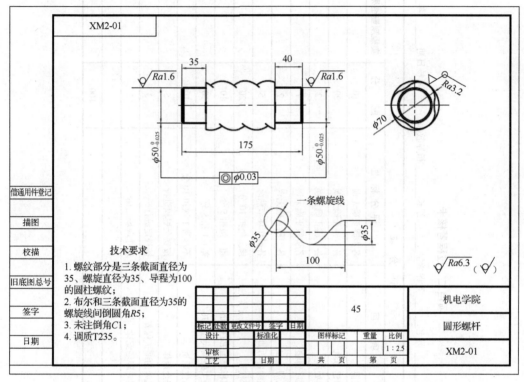

图 2-1 XM1-01 圆形螺杆

2）任务

（1）建模。

（2）编制加工工艺。

（3）创建刀轨。

（4）选用后处理器进行后处理。

（5）操作加工。

3）要求

（1）填写"项目二 过程考核卡"的相关信息

（2）提交电子版、纸质版项目成果报告及"项目二 过程考核卡"。

（3）提交加工的圆形螺杆照片或实物。

项目二　过程考核卡

院部＿＿＿＿　班级＿＿＿＿　小组＿＿＿＿　学号＿＿＿＿　姓名＿＿＿＿　互评学生＿＿＿＿　组长＿＿＿＿　指导教师＿＿＿＿　考核日期＿＿＿＿　年＿月＿日

考核内容	评分表				
	序号	项目	评分标准	配分	实操测量结果	得分	整改意见

考核内容	序号	项目	评 分 标 准	配分	实操测量结果	得分	整改意见
任务： 自动编程、四轴数控铣削，图 2-1 所示为 XM2-01 圆形螺杆 备料：φ72mm×172mm，45 钢 备刀： φ8mm 钨钢立铣刀、球刀各一把，并组装成相应的刀具组 量具： 游标卡尺 0～125±0.02mm 千分尺 25～50±0.001mm	1	建模	各步骤正确无误	10			
	2	创建刀轨	各步骤正确无误	20			
	3	后处理	各步骤正确无误	2			
	4	程序传输	各步骤正确无误	1			
	5	试切	各步骤正确无误	2			
	6	连续自动加工	各操作环节熟练	5			
	7	形状	错 1 处扣 10 分	20			
	8	螺杆表面 Ra3.2μm	超 1 级扣 5 分	10			
	9	最大外圆尺寸 φ70	差 0.1 扣 5 分	10			
	10	岗位职责	不尽责 1 次扣 10 分	10			
	11	安全操作	按安全规程进行	5			
	12	机床的维护保养	按规定进行	3			
	13	遵守现场纪律	遵守现场纪律	2			
	合计			100			

2.4　技术咨询

2.4.1　定向加工与联动加工

2.4.1.1　定向加工

回转坐标轴，转到需要的角度后静止不动，然后进行直线轴联动的数控加工常称为定向加工或定位加工，如四轴联动数控铣床，回转轴转到目标角度后不再转动，在这个角度进行三轴或三轴以下的加工就是四轴机床的 3+1 轴定向加工方式。以此类推，五轴机床常用 3+2 轴定向加工方式。

定向加工的优点是可以将回转轴机械或电气锁紧，进行高刚度、高精度、高效率、低振动的切削。当然，机床是否有这样的功能及其指令代码，订购机床时需要详细咨询。定向加工常用于三轴开粗、箱体类零件等的孔加工。

2.4.1.2　联动加工

将第四轴转起来，结合三个直线轴联动插补加工，可以形成较长的连续刀轨，能加工很多螺旋曲面或形成螺旋刀轨，配合使用点接触、干涉少、适应性好的球刀，几乎可以加工任意柱体形曲面。同理，五轴联动加工的成型能力更强，不过，控制轴数（特别是回转联动轴数）越多，机床刚度越差，机床越昂贵。联动加工多用于曲面轮廓的精加工。

2.4.2　曲面驱动方法

曲面驱动方法是多轴加工中常用的一种驱动方法，常用于复杂曲面的精加工。

采用曲面驱动方法在驱动曲面栅格内创建驱动点阵列。驱动曲面可以是专门创建的，也可以来自部件几何体。选择曲面驱动方法，需要设置驱动曲面、切削方向、切削区域大小、刀具位置、材料侧矢量和驱动设置。

2.4.2.1　驱动曲面

驱动曲面的栅格必须按行和列有序排列，共享一条公共边的曲面是相邻曲面。在选择曲面组作为驱动曲面时，必须有序，而不能随意选择。选择完第一行后，按照与第一行相同的顺序选择第二行和后续行，如图 2-2 所示。可以顺序选择，也可以倒序选择。

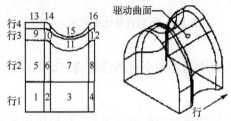

图 2-2　有序选择驱动曲面组

2.4.2.2　切削方向

切削方向由四组（八个）箭头中被指定的那一个表示，被选中的箭头上会显示小圆圈，同组的另一个箭头自动成为步进方向，不需要选择，两个箭头的交点位置自动成为靠近切削位置的起点，即由切削方向决定了行的方向和起点位置，如图2-3所示，应根据工艺合理安排。

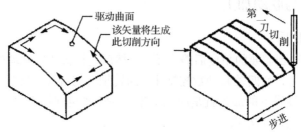

图 2-3　切削方向与切削位置

2.4.2.3　切削区域大小

可通过设置驱动曲面占总切削区域面积的多少来确定切削区域的大小，从而确定切削区域能覆盖的部件几何体面积的误差范围，设置切削区域大小有曲面百分比、对角点两种方式。切削区域大小够用即可，不要随意扩大，以免增加加工量、恶化进刀和抬刀轨迹。

① 曲面百分比方式。

用驱动曲面占总切削区域面积的百分比来确定切削区域大小。起点位置为 0%，表示驱动曲面的起始边缘与总切削区域的起始边缘平齐；若为负值，则扩展总切削区域到驱动曲面起始边缘以外；若为正值，则缩小总切削区域。终点位置为 100%，表示驱动曲面的终止边缘与总切削区域的终止边缘平齐；若小于 100%，则缩小总切削区域；若大于 100%，则扩展总切削区域到驱动曲面终止边缘以外，步长同理，如图2-4所示。

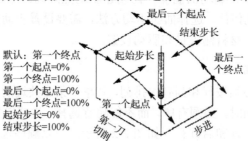

图 2-4　曲面百分比方式的示意图

② 对角点方式。

从驱动曲面的选定表面上指定两个对角点来确定切削区域大小。

2.4.2.4　刀具位置

刀具位置定义刀具与驱动曲面间的位置关系，有相切和对中两种选项。相切表示假设刀位点在接近驱动点时相切接触于驱动曲面，然后沿投影矢量投影创建部件表面接触点。对中表示假设将刀位点直接定位到驱动点，再沿投影矢量投影创建部件表面接触点，如图2-5所示，相切适用的场合更多。

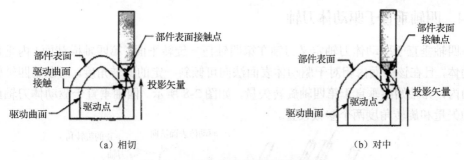

图 2-5　刀具与驱动曲面的位置关系

2.4.2.5　材料侧矢量

用箭头表示材料侧矢量,箭头要从切除的材料侧长出且必须指向要切除材料的这一侧,如图 2-6 所示。注意观察屏幕,若方向不对,则用反向按键取反。方向正确的箭头应是黄色的,否则为白色。

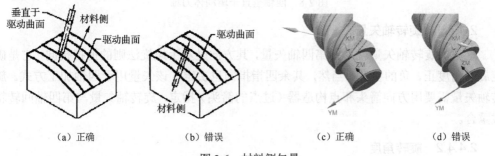

图 2-6　材料侧矢量

2.4.2.6　驱动设置

驱动设置用来指定切削模式和步距等,可通过数量或残余高度控制行数,通过数量或公差控制每行的点数,以确定刀轨形状和步距的疏密程度。

2.4.3　垂直于驱动体投影矢量

垂直于驱动体投影矢量定义从无穷远处投射的处处与驱动曲面相垂直的投影矢量,如图 2-7 所示。这个投影矢量也是驱动曲面材料侧法向矢量的相反矢量,可谓曲面驱动的附加投影矢量选项,即选择了曲面驱动方法后,不需要再设置任何投影矢量,曲面驱动仍可成功设置,此项功能无对应的设置对话框。

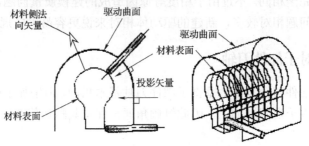

图 2-7　垂直于驱动体投影矢量

2.4.4　四轴垂直于驱动体刀轴

四轴垂直于驱动体刀轴定义刀轴在第四轴任一旋转平面（第四轴横截面）内垂直于驱动体，且在该平面内相对于驱动体表面法向可倾斜一定的旋转角度，而在第四轴轴向截面内，刀轴始终垂直于第四轴旋转矢量，如图 2-8 所示。四轴垂直于驱动体刀轴由旋转轴矢量和旋转角度两个参数设置。

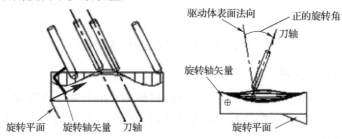

图 2-8　四轴垂直于驱动体刀轴

2.4.4.1　旋转轴矢量

这里的旋转轴矢量就是指第四轴矢量，其方向是右手螺旋法则的拇指指向，它是确定旋转角度正、负的参考。当然，其余四指指向也决定了该矢量用于四轴加工方式。旋转轴矢量需要用方向箭头和点构造器（过点的箭头）指定，旋转轴矢量与第四轴回转轴线重合。

2.4.4.2　旋转角度

在四轴旋转平面内度量旋转角度，右手螺旋法则的拇指指向旋转轴矢量，其余四指指向正的旋转角度，反之为负，0°刀轴无附加不旋转，即指向驱动曲面的法线方向。可见旋转角度与切削方向无关，特别是对于行切法，切削方向来回变换，但旋转角度（刀轴方向）一旦定义后就不再改变，而刀具的推、拉受力方向来回变化。旋转角度通过避开切削速度等于 0 的刀尖切削来改善切削性能，但要注意采用刀尖加工时工件的形状变形问题，特别是成型槽槽底形状变形及刀具避让问题等。

2.4.5　四轴垂直于部件刀轴

四轴垂直于部件刀轴与四轴垂直于驱动体刀轴的区别是将部件换成了驱动体，其刀轴设置对话框等完全相同。不过由于精度等原因造成的建模质量问题，四轴垂直于部件刀轴的刀轨生成问题相对较多，新建的驱动体相对来说更容易生成规则的刀轨。

2.4.6　四轴相对于部件刀轴

四轴相对于部件刀轴与四轴垂直于部件刀轴基本相同，但增加了前倾角、旋转角和侧倾角的设置。由于是四轴加工，因此侧倾角通常保留其默认值 0°。

2.4.6.1　前倾角

前倾角定义刀轴沿刀轨前倾或后倾的角度。正的前倾角表示刀轴相对于刀轨方向向前倾斜，负的前倾角表示刀轴相对于刀轨方向向后倾斜，0°表示当前刀轨的垂直方向。

2.4.6.2　旋转角

前面已经介绍了旋转角度，这里再强调一下。旋转角是在前倾角的基础上进行叠加运算的，在定义旋转角时，沿刀轨向前倾斜是正的旋转角度，向后倾斜是负的旋转角度，一旦定义好后，旋转角始终保持在同一方向，不会因刀轨变向而改变方向，而前倾角随加工方向变换。

例如，在往复加工模式中，当刀具进行 Zig 切削时，前倾角和旋转角相加；当刀具进行 Zag 切削时，前倾角和旋转角相减。

2.4.6.3　侧倾角

侧倾角定义刀轴从一侧到另一侧的角度，参照切削方向，正的侧倾角使刀轴向右倾斜，负的侧倾角使刀轴向左倾斜。有了侧倾角就不是四轴加工了。

2.4.7　四轴相对于驱动体刀轴

四轴相对于驱动体刀轴与四轴相对于部件刀轴的工作方式相似，二者的区别是前者的前倾角、旋转角、侧倾角的参考曲面是驱动曲面，因此此刀轴使用曲面驱动方法后才可用。

2.5　项目实施

12 圆形螺杆-
加工过程介绍

2.5.1　编制加工工艺

1. 分析图样，选用加工设备

上一道工序已将工件 $\phi70$ 的尺寸加工至 $\phi71$、$Ra6.3$，其余全部加工完成，现在仅加工圆柱螺杆部分。

等螺距、圆弧外形的螺杆表面，其螺旋部分是三条截面直径为35、螺旋直径为35、导程为100的圆柱螺纹，三条截面直径为35的螺旋线间的过渡连接圆角的半径为5，用四轴机床足以成型，选用现有 XH713B 立式转台四轴、随机换刀加工中心。

2. 拟定加工工艺方案，划分加工工序

本次加工要求表面粗糙度达到 $Ra3.2$ 以内，要使尺寸达到图纸要求，可采用一次装夹，通过粗铣、半精铣、精铣三个工步完成全部加工。试制 1 件，粗铣用 $\phi8$ 钨钢立铣刀快速去除大的毛坯余量，半精铣用 $\phi6$ 钨钢球头铣刀均化加工余量，精铣用半精加工刀具，拟定加工工艺方案，如表 2-1 所示。

表 2-1　圆形螺杆数控加工工艺方案

工步号	工步内容	刀具	量具	夹具	机床	切削速度 m/min	主轴转速 rpm	进给量 mm/z	进给速度 mm/min
1	粗铣圆形螺杆达到 Ra12.5，单边留余量 0.5mm	ϕ8 钨钢键槽铣刀，2 刃	游标卡尺 0～125±0.02mm	三爪卡盘	转台左置 XYZA 四轴立式加工中心	175	7000	0.057	800
2	半精铣圆形螺杆达到 Ra6.3，单边留余量 0.1mm	ϕ6 钨钢球铣刀，3 刃	同上	同上	同上	201	8000	0.042	1000
3	精铣圆形螺杆达到 Ra3.2，尺寸达到图纸要求	同上	同上	同上	同上	251	10000	0.033	1000

2.5.2　创建刀轨

1．制定编程方案

凸螺旋面和三条 R5 凹螺旋面成 120° 等间隔分布，为了减少抬刀次数，将所有表面作为一组加工区域创建工序。

用 ϕ8 钨钢键槽铣刀、3+1 轴定向、+ZM、−YM、−ZM、+YM 四侧型腔铣分层开粗，用 ϕ8 球刀四轴联动可变轮廓铣半精加工、精加工螺旋面，综合考虑，拟定编程方案，如表 2-2 所示。

表 2-2　制定圆形螺杆加工编程方案

工步	加工轴数	工序子类型	部件几何体	毛坯几何体	驱动方法及驱动几何体	投影矢量	刀轴	余量
粗铣	3+1 轴定向，四侧开粗	型腔铣	工件	ϕ50×35+ϕ70×100+ϕ50×40 包容圆柱			+ZM、−YM、−ZM、+YM	0.5
半精铣	四轴联动加工	可变轴轮廓铣	同上	同上	曲面驱动螺旋曲面	朝向直线	四轴垂直于驱动体，旋转角为 5°	0.1
精铣	同上	同上	同上	同上	同上	同上	四轴垂直于驱动体，旋转角为 10°	0

2．创建 3+1 轴定向粗加工工序

1）准备工作

（1）导入数据模型。在建模环境下，步骤为【导入】→【Parasolid】→圆形螺杆.x_t。

13 圆形螺杆-上侧开粗

（2）创建毛坯。为了使动态模拟更加逼真，创建 $\phi50\times35+\phi70\times100+\phi50\times40$ 包容圆柱体作为毛坯几何体。

2）进入加工环境

步骤为【加工】→【cam_general】→【mill_coutour】→【确定】。

3）创建 MCS 坐标系

三爪卡盘夹持 $\phi50\times40$ 在一头，将加工坐标系 XM-YM-ZM 设置在另一头，且与 XC-YC-ZC 重合，Z 轴近似对准一个 $R5$ 槽作为选取标志，如图 2-9 所示。

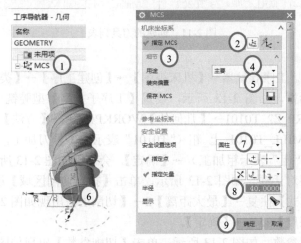

图 2-9　创建 MCS 坐标系

4）设置 WORKPIECE

如图 2-10 所示，点开【+MCS 坐标系】的"+"→双击【WORKPIECE】→【指定部件】点选部件圆形螺杆.x_t→【指定毛坯】点选毛坯 $\phi50\times35+\phi70\times100+\phi50\times40$ 包容圆柱体→【确定】。

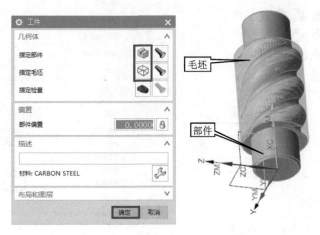

图 2-10　创建部件和毛坯几何体

5）创建刀具

刀刃数即刀齿数，要参与切削用量计算，最好根据实际刀具参数创建刀具。步骤为

【工序导航器】→【机床视图】→【创建刀具】，本项目刀具创建结果如图 2-11 所示。T0101 等对于 FANUC 系统，前两位数字表示刀具号，后两位数字表示补偿号。

工序导航器 - 机床		
名称	描述	刀具号
GENERIC_MACHINE	Generic Machine	
🗁 未用项	mill_multi-axis	
⊞ 🛢 MILL_D8R0_Z2_T0101	Milling Tool-5 Parameters	1
⊞ 🛢 BALL_MILL_D8R4_Z3_T0202	Milling Tool-Ball Mill	2

图 2-11　创建的刀具列表

6）型腔铣

（1）创建工序。工序导航器→【机床视图】→【创建工序】→【类型】mill_contour，出现创建工序对话框，如图 2-12 所示，设置【工序子类型】型腔铣 CAVITY_MILL→【刀具】MILL_D8R0_Z2_T0101→【几何体】WORKPIECE→【方法】MILL_ROUGH→【名称】CAVITY_MILL_T0101_上_粗（"T0101"表示用 1 号刀加工，"上"表示加工上面，刀轴是+ZM，"粗"表示粗加工）→【确定】，会出现如图 2-13 所示的工序对话框。

（2）设置工序对话框。如图 2-13 所示，单击【指定切削区域】屏选部件上的六个螺旋面→【切削模式】往复→【最大距离】2→【切削层】出现如图 2-14 所示的切削层对话框→【范围深度】35.5→【确定】。

（3）设置切削参数。如图 2-13 所示，单击【切削参数】出现如图 2-15 所示的切削参数对话框→【余量】→【部件侧面余量】0.5→【确定】。

图 2-12　创建工序对话框

图 2-13　工序对话框

图 2-14 切削层对话框

图 2-15 切削参数对话框

（4）设置非切削移动。单击【非切削移动】出现如图 2-16 所示的非切削移动对话框→
【进刀】→【封闭区域】→【进刀类型】与开放区域相同→【开放区域】线性→【退刀】→
【退刀类型】与进刀相同→【转移/快速】→【安全设置】→【安全设置选项】圆柱→【指定
点】圆柱中心→【指定矢量】与+XM 同向→【半径】40→【确定】→【确定】。

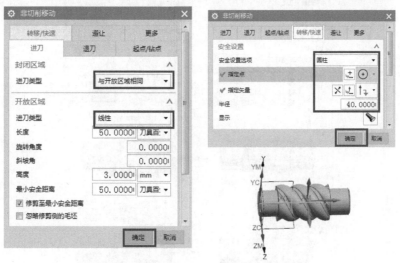

图 2-16 非切削移动对话框

（5）设置进给率和速度。单击【进给率和速度】出现如图 2-17 所示的进给率和速
度对话框→【☑主轴转速】7000→【计算器】→【表面速度】175→【切削】800→【计
算器】→【每齿进给量】0.0571→【更多】→【进刀】50%→【确定】。

（6）生成刀轨及动态模拟结果。单击【生成】→【确定】→【2D】→【播放】结果
如图 2-18 所示→【确定】→【确定】。

图 2-17　进给率和速度对话框

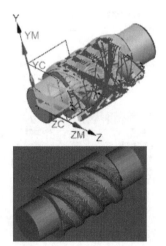

图 2-18　结果

（7）创建其余三个方向的粗加工工序。

复制 CAVITY_MILL_T0101_上_粗，粘贴并间隔单击，亮显后修改名称，表示前侧、下侧、后侧粗加工，如图 2-19 所示。

14 圆形螺杆-
下侧开粗

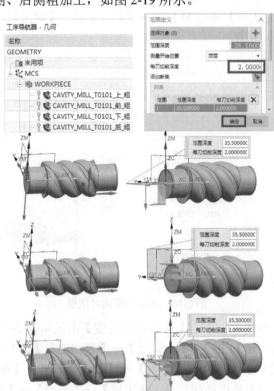

图 2-19　前侧、下侧、后侧工序刀轴及切削层设置

分别双击下侧、前侧、后侧三道工序，将【刀轴】分别改为-ZM、-YM 和+YM，【切削层】→【范围深度】将 70.4997…改为 35.5，其他项均不需要修改，【确定】→【生成】→【确定】→【确定】，确定刀轨即可。

3. 创建四轴联动半精加工工序

15 圆形螺杆-
半精加工

（1）创建工序。工序导航器→【机床视图】→【创建工序】→【类型】mill_multi-axis（出现创建工序对话框，如图 2-20 所示）→【工序子类型】可变轴轮廓铣 VARIABLE_CONTOUR→【刀具】BALL_MILL_D8R4_Z3_T0202 → 【几何体】 WORKPIECE → 【方法】MILL_SEMI_FINISH→【名称】VARIABLE_CONTOUR_T0202_半精→【确定】，出现如图 2-21 所示的工序对话框。

（2）指定切削区域。如图 2-21 所示，【指定切削区域】屏选部件六个螺旋面→【确定】。

图 2-20　创建工序对话框

图 2-21　工序对话框

（3）驱动方法设置。【首选项】→【选择】→【成链】→【公差】0.01，否则会报警，提示不能构建栅格线，如图 2-22 所示。更好的办法是创建专门的、高质量的、连续的驱动曲面。

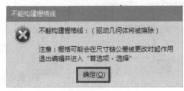

图 2-22　不能构建栅格线报警

在图 2-21 中，单击【驱动方法】曲面→编辑扳手，出现如图 2-23 所示的曲面百分比方法设置对话框，在此设置驱动几何体。

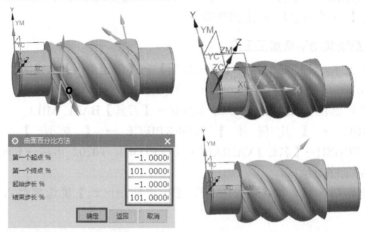

图 2-23　设置驱动几何体

【指定驱动几何体】左端 360°方向依次顺序屏选六个螺旋面→【确定】→【刀具位置】相切→【切削方向】屏选带圆圈的黑箭头→【材料反向】图示方向→【切削区域】曲面%→【第一个起点%】-1→【第一个终点%】101→【起始步长%】-1→【结束步长%】101→【确定】。

【驱动设置】→【切削模式】往复→【步距数】50→【确定】。

（4）设置投影矢量。在图 2-21 中，【矢量】朝向直线，按图 2-24 设置投影矢量。【矢量对话框】→【自动判断的矢量】屏选轴向蓝色粗体箭头→【指定点】捕捉圆柱中心→【确定】。

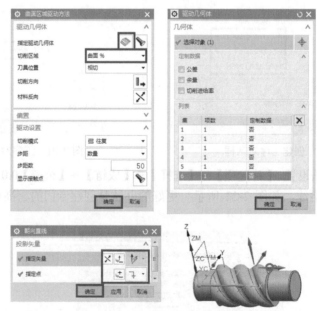

图 2-24　设置投影矢量

（5）设置刀轴。在图 2-21 所示对话框中，单击【轴】4 轴，垂直于驱动体→编辑扳手→按图 2-25 所示设置刀轴→【矢量对话框】→【自动判断的矢量】屏选轴向蓝色粗体箭头→【旋转角度】5→【确定】。

图 2-25　设置刀轴

（6）其他设置。

【切削参数】→【余量】→【部件侧面余量】0.1→【确定】。

【非切削移动】→【进刀】→【进刀类型】圆弧-平行于刀轴→【退刀】→【退刀类型】与进刀相同→【转移/快速】→【安全设置】→【安全设置选项】圆柱→【指定点】圆柱中心→【指定矢量】与+XM 同向→【半径】40→【确定】→【确定】。

【进给率和速度】→【☑主轴转速】8000→【计算器】→【表面速度】201→【切削】1000→【计算器】→【每次进给量】0.0416…→【更多】→【进刀】50%→【确定】。

【生成】→【确定】→【2D】→【播放】（半精加工刀轨及动态模拟结果如图 2-26 所示）→【确定】→【确定】。

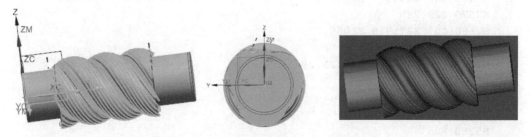

图 2-26　半精加工刀轨及动态模拟结果

4. 创建四轴联动精加工工序

复制 VARIABLE_CONTOUR_T0202_半精再粘贴，修改名称为 VARIABLE_CONTOUR_T0202_精。

16 圆形螺杆-精加工

双击 VARIABLE_CONTOUR_T0202_精→【驱动方法】→【编辑】→【驱动设置】→【步距】残余高度→【最大残余高度】0.05。

【设置刀轴】→【轴】→双击编辑扳手→【旋转角度】10→【确定】。

【刀轨设置】→【方法】MILL_FINISH。

【切削参数】→【策略】→【延伸路径】勾选边上滚动刀具→【确定】1。

【进给率和速度】→【☑主轴转速】10000→【计算器】→【表面速度】251→【切削】1000→【计算器】→【每次进给量】0.033…→【确定】。

【生成】→【确定】→【2D】→【播放】（精加工刀轨及动态模拟结果如图 2-27 所示）→【确定】→【确定】。

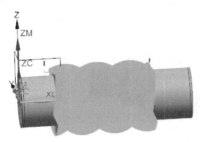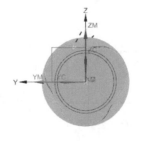

图 2-27　精加工刀轨及动态模拟结果

2.5.3　仿真加工

1. 后处理

后处理 4AVM_XH713A_F6M_seq_G01_360_FZ 输出程序：

17 圆形螺杆-加工-
后处理 nc 代码

```
(Total Machning Time : 93.67 min)
O201
……
(Tool_name: BALL_MILL_D8R4_Z3_T0202)
N7550 G00 G90 G54 X133.948 Y18.064 A38.982 S8000 M03
N7560 G43 Z35.689 H02
N7570 Z29.289
N7580 G01 Z27.919 F1000.
……
N7680 X131.93 Y20.79 Z21.297 A37.975
N5220 Z20.328
N5230 G00 Z33.128
N5240 M09
N5250 M05
N5260 G91G28Z0
N5270 T00 M06
N5280 M30
```

可以看出，换刀循环、刀具信息、刀具长度补偿等程序正确。

2. 宇龙软件仿真加工

用三爪卡盘夹持 $\phi50\times40$ 部件伸出到最外侧，将工件坐标系设置在工件右端面中心，在机床上对刀、测量长度、补偿、仿真加工，设置零点偏置值，设置刀具长度，传入 NC 加工程序，宇龙软件仿真加工结果如图 2-28 所示。

18 圆形螺杆-宇龙
四轴仿真加工

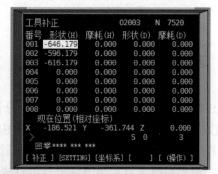

图 2-28　宇龙软件仿真加工结果

3．VERICUT 软件仿真加工

用项目一介绍的 VERICUT 软件仿真加工环境，配置刀具文件，加载毛坯文件，导入 NC 加工程序，VERICUT 软件仿真加工成果如图 2-29 所示。

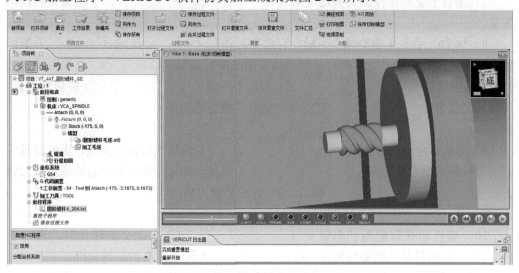

图 2-29　VERICUT 软件仿真加工成果

2.6　考核与提高

通过做题验证、考核、提高，按 100 分计。填空题、判断题、问答题分别占 10%的分值；模拟综合题占 30%的分值，需要按图样要求模拟加工或在线加工、测量，并自制项目过程考核卡记录检验结果，巩固、验证岗位基本工作能力；企业产品优化题占 40%的分值，需要参照项目实施方法书写项目成果报告，提高从业技术水平。

一、填空题

1）驱动曲面可以是专门创建的，也可以是（　　　　　　）几何体；可以是实体，也可以是（　　　　　　）。

2）要选择曲面驱动方法，需要完成选择（　　　　　　　　　）六个步骤。

3）驱动曲面的栅格必须按行或（　　　　　　　）有序排列，相邻曲面共享（　　　　　　　）公共边。

4）刀具位置定义刀具与驱动曲面间的位置关系，有（　　　　　　）两种选项。

5）曲面驱动的材料侧矢量必须（　　　　　　　　　）的材料，并且远离刀具不能触碰的那一侧。

6）指定切削方向和第一刀开始加工的切削区域，单击驱动曲面四角上出现的四组（八个）黄色加粗箭头之一，这个箭头（　　　　　　）就是切削方向，箭头所在位置就是靠近（　　　　　　　）的位置。

7）垂直于驱动体投影矢量定义从（　　　　　　　　）相垂直的投影矢量。

8）"4 轴，垂直于驱动体"刀轴，它定义刀轴在（　　　　　）内（　　　　　）第四轴旋转矢量，且在该平面内相对于驱动体表面法向可倾斜（　　　　）来改善切削性能，但设置了（　　　　　　）后，刀轴不一定（　　　　　）旋转轴矢量。旋转轴矢量指（　　　　　　）的矢量，是右手螺旋法则的（　　　　　　　）指向。

9）前倾角定义刀轴（　　　　　　　　）前倾或后倾的角度。正的前倾角表示刀轴相对于刀轨方向（　　　　　　　）倾斜，负的前倾角表示刀轴相对于刀轨方向（　　　　　）倾斜，0°对应当前刀轨的（　　　　　　　　）方向。

10）旋转角在前倾角的基础上（　　　　　　），在定义旋转角时，沿刀轨（　　　）倾斜是正的旋转角度、（　　　　　　）倾斜是负的旋转角度，一旦定义好后，旋转角始终保持在（　　　　　），不会因刀轨变向而（　　　　　）方向，而前倾角随加工方向变换。

11）侧倾角定义刀轴从（　　　　）到（　　　　）的角度，参照切削方向，正的侧倾角使刀轴（　　　　）倾斜，负的侧倾角使刀轴（　　　　）倾斜。有了侧倾角就不是（　　　）加工了。

二、判断题

1）扫掠截面曲线串应与引导线间尽量符合右手螺旋法则关系。（　　）

2）驱动曲面可以任意无序选择。（　　）

3）驱动曲面中的材料方向指被切除材料的方向。（　　）

4）"N0110 G01 X30.024 Y17.357 Z25.44 F260 M08；N0120 X31.199 Y17.376 Z25.427 A148.734；"是四轴联动加工程序段。（　　）

5）垂直于驱动刀轴可以通过设置旋转角来改善切削性能，但当加工形状与刀具相等时（如成型槽），多数情况下只能将其设成零。（　　）

6）驱动曲面只能是实体表面，其他几何体都不行。（　　）

7）当将多个曲面作为驱动体时，可以无序选取，只要都选上就行。（　　）

8）曲面驱动的材料侧矢量必须指向要移除的材料那一侧。（　　）

9）第一刀开始切削加工的位置和切削方向就是选定的四组（八个）黄色加粗箭头之一，这个箭头所指的方向就是切削方向，箭头所在位置就是靠近第一刀开始切削加工的位置。（　　）

10）垂直于驱动体投影矢量定义从无穷远处投射的处处与驱动曲面相垂直的投影矢量。而四轴垂直于驱动体刀轴定义刀轴垂直于第四轴，还可以定义一个相对于驱动体表面法向倾斜的旋转角度。（　　）

三、问答题

1）四轴加工常用哪几种刀轴？

2）如何定义前倾角、侧倾角、旋转角？它们各有何用途？

3）何为四轴垂直于部件、四轴垂直于驱动体、四轴相对于部件和四轴相对于驱动体刀轴？

4）四轴机床的编程零点常设在何处？如果四轴零点偏了，最简单的处理办法是什么？

5）投影矢量的作用是什么？

6）曲面驱动方法的材料侧指哪一侧？切削方向选定后有何标志？曲面百分比是什么意思？

7）驱动曲面可以是哪几种？当选择曲面驱动体出现报警时，常如何处置？

四、模拟综合题

给定圆柱毛坯，3+1轴定向加工开粗，四轴联动精加工，人头雕像如图2-30所示。

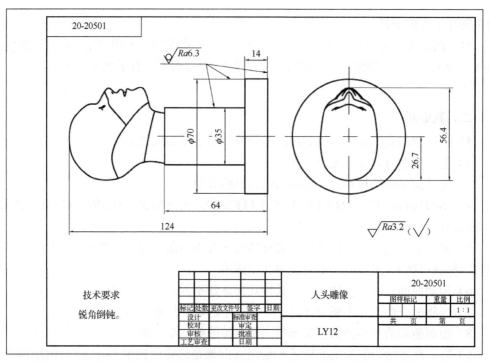

图 2-30　人头雕像

五、企业产品优化题

给定偏置毛坯，四轴联动精加工，叶片如图 2-31 所示。

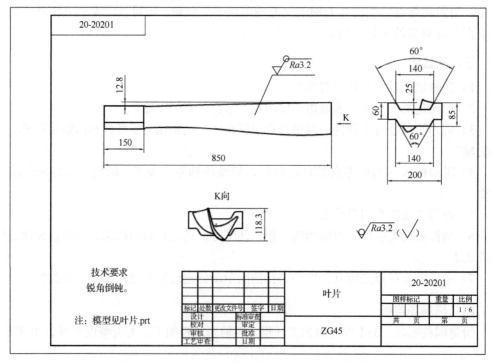

图 2-31　叶片

项目三　双转台五轴定向联动加工笨风轮

3.1　项目背景

五轴加工是数控加工的顶级技术，对于国民经济的各个行业，以及军工武器、航空、航天、航海等，多轴加工是解决各种关键零部件制造的首选方法，已成为机械制造业一场影响深远的技术革命。先进制造也好，世界制造也罢，都离不开多轴数控加工强大、快速、高质量的成型能力，也需要能用好多轴数控机床的高端人才。

笨风轮是现代设备上使用的高压、高速动力风轮的零件，笨风轮的叶片多而厚、形状复杂，着实像专用异形螺旋圆柱齿轮或螺旋器，把它作为项目载体，再模拟设计载体三片叶轮，直接用形状复杂的武器用非标螺旋锥齿轮作为考核提高项目载体，使学生掌握五轴定向联动加工技术，"征途漫漫，唯有奋斗""人不负青山，青山定不负人"。

3.2　学习目标

● 终极目标：熟悉双转台五轴定向联动数控铣削空间曲面技术。
● 促成目标：
（1）会选用双转台五轴数控镗铣床。
（2）理解四轴、五轴零点的概念。
（3）熟悉可变轮廓铣方式。
（4）熟悉曲面、流线驱动方法。
（5）熟悉侧刃驱动体刀轴的设置。
（6）熟悉五轴对刀方法。
（7）熟悉 SIEMENS840D 系统双转台 AC 五轴机床加工笨风轮技术。

3.3 工学任务

1）零件图样

图 3-1 所示为 XM3-01 笨风轮。

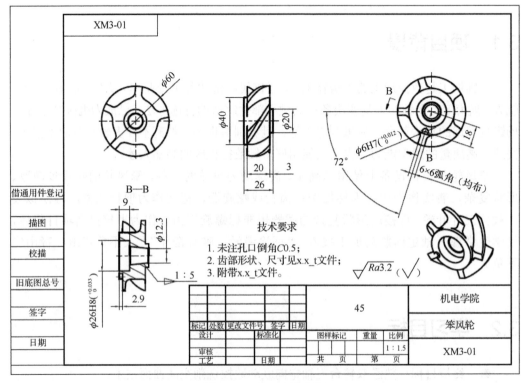

图 3-1 XM3-01 笨风轮

2）任务

（1）编制加工工艺。

（2）创建刀轨。

（3）后处理。

（4）操作加工零件。

3）要求

（1）填写"项目三 过程考核卡"的相关信息。

（2）提交电子版、纸质版项目成果报告及"项目三 过程考核卡"。

（3）提交加工的笨风轮照片或实物。

项目三 过程考核卡

系部＿＿＿ 班级＿＿＿ 学号＿＿＿ 姓名＿＿＿ 互评学生＿＿＿ 指导教师＿＿＿ 考核日期＿＿年＿＿月＿＿日

评 分 表

考核内容	序号	项目	评分标准	配分	实操测量结果	得分	整改意见
任务: 数控铣削如图3-1所示的XM3-01笨风轮,加工1件 备料: Φ60mm×150mm锻铝 备刀: 钨钢键槽铣刀 φ10mm 钨钢球刀 φ6mm 根据具体使用的数控机床组装成相应的刀具组 量具: 游标卡尺0~125±0.02mm	1	制定五轴加工工艺方案	方案合理、逻辑严谨	5			
	2	创建3+2轴定向开粗刀轨	刀轨正确无误	5			
	3	创建5轴联动加工刀轨	刀轨正确无误	20			
	4	2D动态模拟	工件形状正确无误	5			
	5	后处理生成NC代码程序	各步骤正确无误	5			
	6	选用宇龙软件或VERICUT软件进行仿真加工	工件形状正确	20			
	7	在线加工	工件形状正确	10			
	8	$\Phi26H8(^{+0.033}_{0})$	超0.01扣1分	5			
	9	齿两侧表面粗糙度为Ra3.2μm	超1级扣2.5分	5			
	10	安全操作	按安全规程进行	3			
	11	机床的维护保养	按规定进行	2			
	12	遵守现场纪律	遵守现场纪律	5			
	13	主动学习	主动练习	10			
		合计		100			

3.4 技术咨询

3.4.1 选用五轴数控镗铣床

五轴数控镗铣床通常指有 X、Y、Z 三个直线轴，以及 AC 或 BC 两个回转轴的五轴联动数控镗铣床。第四轴是 A 轴或 B 轴，也称摆轴，摆轴线平行于 X 轴的是 A 轴，摆轴线平行于 Y 轴的是 B 轴，通常旋转角度小于 180°。第五轴是 C 轴，可以整周旋转。五轴机床的结构形式有很多，双转台（摇篮式）、摆头转台和双摆头是常见的三种。

3.4.1.1 立式转台五轴数控镗铣床

1）主体结构及机床坐标系统

双转台是 AC 或 BC 两个回转轴的执行部件，C 轴对应圆工作台，置于摆台（A 轴或 B 轴）之上，摆台的旋转不受转台影响，但影响转台的旋转，而转台的旋转影响不到摆台，有 BC 双转台、AC 双转台附件可供选用，如图 3-2 所示。

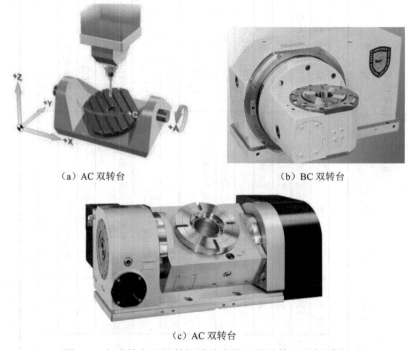

（a）AC 双转台 （b）BC 双转台

（c）AC 双转台

图 3-2 立式转台五轴数控镗铣床的主体结构及坐标系统

2）三个零点

（1）机床零点。机床零点是机床坐标系的原点，常设在三直线坐标行程极限处的主轴端面回转中心（测量基点）上，设在转台台面中心更方便，机床零点是固定点，由机床厂决定。

（2）四轴零点。四轴零点是四轴摆头摆动中心线和主轴回转中心线的交点，四轴零点偏置值指四轴零点在机床坐标系中的三个直线坐标值。由出厂装配调整等因素决定，使用前必须实测四轴零点偏置值，在后处理时补偿。

（3）五轴零点。五轴零点在转台台面回转中心上，五轴零点偏置值指五轴零点在四轴坐标系中的三个直线坐标值，是五轴零点相对于四轴零点的偏置值。五轴零点位置由机床厂精准装配确定，一般不能由用户改变，但会有出厂误差，这对加工精度有很大影响，需要精准测量后处理补偿。

3）回转坐标轴锁紧功能

双转台旋转运动或多或少有间隙存在，刚度较差。定向加工时，最好有锁紧功能，提高加工精度；联动加工前，应能自动松开。锁紧与松开常用专门的 M 代码指令。

4）主要技术参数

主要技术参数指第四轴、第五轴的技术参数，如表 3-1 所示。

表 3-1　双转台五轴机床第四轴、第五轴的主要技术参数

转台（第五轴）				摆轴（第四轴）			
项　　目	参　　数	项　　目	参　　数	项　　目	参　　数	项　　目	参　　数
转台直径（mm）	√	进给转速（°/min）	√	摆轴中心高度（mm）	√	进给转速（°/min）	√
地址	C	最小分度值（°）	√	地址	A 或 B	最小分度值（°）	√
行程（°）	0～360 或 -9999～ +9999	轴旋转方向	√	行程(°)	-9999～ +9999	轴旋转方向	√
快速转速（°/min）	√	零点位置	转台台面旋转中心	快速转速（°/min）	√	零点位置	转台台面旋转中心
锁紧指令代码	√	相对四轴零点偏置值	X5____ Y5____ Z5____	锁紧指令代码	√	相对机床零点偏置值	X4____ Y4____ Z4____
松开指令代码	√	零度位置	√	松开指令代码	√	零度位置	√
定位精度	√	重复定位精度	√	定位精度	√	重复定位精度	√
数控系统			系统名称_____版本_____RPCP 功能_____				
承载（kg）				√			

5）RPCP 功能

RPCP 功能是数控功能，是真五轴系统工件旋转中心编程功能，无此功能的五轴称为假五轴。具有 RPCP 功能的双转台五轴机床，无论工件装在工作台的什么位置，对刀时设置工件零点偏置值、刀具补偿值等都完全与三轴机床相同，即使刀具、工件装夹位置改变，也不需要重新编程，很方便，但编程时须用 RPCP 功能的相关指令，后处理时不需要设置四轴零点、五轴零点。没有 RPCP 功能的双转台五轴机床，必须先装工件，测量出工件相对五轴零点位置，按照该相对位置建立加工坐标系 XM-YM-ZM，创建刀轨，通常不需要工件零点。其刀具长度补偿同三轴机床，改变工件位置需要重新编程，后处理要设置四轴零点、五轴零点。现在尚有些无 RPCP 功能的旧五轴机床仍在使用，新五轴机床一般都具备 RPCP 功能。

6）加工能力

这类机床带动工件旋转，其结构是小机床的首选结构，主要用于加工小零件。

3.4.1.2 摆头转台五轴数控镗铣床

1）主体结构及机床坐标系统

摆头转台五轴数控镗铣床，主轴头即摆头 A 或摆头 B，是第四轴的运动执行部件，C 轴对应圆工作台，两个轴都是独立结构的非依赖轴，摆头转台 AC 五轴机床加工示意图如图 3-3 所示。

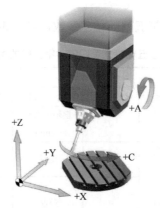

图 3-3　摆头转台 AC 五轴机床加工示意图

2）三个零点

（1）机床零点。机床零点是机床坐标系的原点，常设在三直线坐标行程极限处的主轴端面回转中心（测量基点）上，设在转台台面中心更方便，机床零点是固定点，由机床厂决定。

（2）四轴零点。四轴零点是四轴摆动中心线和五轴回转中心线的交点，四轴零点偏置值指四轴零点在机床坐标系中的三个直线坐标值。由于出厂装配、双转台附件使用调整、碰撞干涉等因素，需要经常测量四轴零点偏置值，在后处理时进行补偿。

（3）五轴零点。五轴零点在转台台面回转中心上，五轴零点偏置值指五轴零点在四轴坐标系中的三个直线坐标值，是五轴零点相对于四轴零点的偏置值。五轴零点位置及偏置值由机床厂精准装配确定，一般无法由用户改变，但会有出厂误差，五轴回转中心线与四轴摆动中心线不共面，这对加工精度有很大影响，使用前需要精准测量，以便在后处理中补偿。

3）回转坐标轴锁紧功能

双转台旋转运动或多或少有间隙存在，刚度较差。定向加工时，最好有锁紧功能，提高加工精度；联动加工前，能自动松开。锁紧与松开常用专门的 M 代码指令。

4）枢轴中心距

枢轴中心距是指主轴端面回转中心至四轴中心的距离，是摆动刀具长度的一部分。

5）RTCP 功能

RTCP 功能与 RPCP 功能类似，是真五轴系统刀具旋转中心编程功能，用于摆头。也就是说，摆头转台真五轴机床需要具备 RTCP 和 RPCP 两种功能。具备 RTCP 和 RPCP

功能的摆头转台五轴机床，对刀设置刀长、设置零点偏置值与三轴机床相同。改变工件位置、刀具长度不需要重新编程，后处理不需要设置四轴零点、五轴零点、枢轴中心距，要用 RTCP 和 RPCP 相应的指令代码编程。对于无 RTCP 和 RPCP 功能的假摆头转台五轴机床，改变工件位置、刀具刀长均需要按实测数据重新编程。后处理需要设置四轴零点、五轴零点、枢轴中心距。

6）主要技术参数

摆头转台五轴机床的主要技术参数与双转台相比，多了个枢轴中心距，真五轴数控系统应同时具备 RPCP 和 RTCP 两个编程功能。

7）加工能力

摆头转台五轴机床的回转坐标轴由两个独立部件控制，刚度较高，这种结构是中型机床的首选结构，主要用于加工中小零件。

3.4.1.3　双摆头五轴数控镗铣床

1）主体结构及机床坐标系统

双摆头五轴数控镗铣床，摆头对应第四轴（A 或 B），转头对应第五轴（C），两个回转坐标由同一个执行部件控制。第四轴是非依赖轴，第五轴是依赖轴，也有双摆头附件供选用，双摆头 AC 五轴机床及双摆头附件如图 3-4 所示。

图 3-4　双摆头 AC 五轴机床及双摆头附件

2）三个零点

（1）机床零点。机床零点是机床坐标系的原点，常设在三直线坐标行程极限处的主轴端面回转中心（测量基点）上，设在工作台面中心更方便，机床零点是固定点，由机床厂决定。

（2）四轴零点。四轴零点是枢轴点，是四轴摆动中心线和五轴回转中心线的交点，四轴零点偏置值指四轴零点在机床坐标系中的三个直线坐标值。

（3）五轴零点。五轴零点与四轴零点重合。

3）回转坐标轴锁紧功能

双转台旋转运动或多或少有间隙存在，刚度较差。定向加工时，最好有锁紧功能，提高加工精度；联动加工前，能自动松开锁紧与松开，常用专门的 M 代码指令。

4）枢轴中心距

枢轴中心距是指主轴端面回转中心至四轴中心的距离，是摆动刀具长度的一部分。

5）RTCP 功能

真五轴系统双摆头机床应具备 RTCP 功能。具备 RTCP 的双摆头五轴机床，对刀设置刀长、设置零点偏置值与三轴机床相同。改变工件位置、刀具长度不需要重新编程，后处理不需要设置四轴零点、五轴零点、枢轴中心距，要用 RTCP 相应的指令代码编程。无 RTCP 功能的假双摆头五轴机床，改变工件位置、刀具刀长均需要按实测数据重新编程。后处理需要设置四轴零点、五轴零点、枢轴中心距。

6）主要技术参数

双摆头五轴机床的主要技术参数与双转台五轴机床相比，多了个枢轴中心距，双摆头真五轴机床应具备 RTCP 功能。

7）加工能力

双摆头五轴机床的两个回转坐标轴合用一个部件带动刀具旋转，工件不转，此结构是大型机床的首选结构，主要用于加工大零件。

3.4.1.4 五轴机床的联动与定向加工方式

无论是哪种结构形式的五轴机床，多轴联动加工的成型能力、3+2 轴定向加工方式都是基本加工能力，与具体机床结构形式无关，但与后处理密切相关。定向加工可以锁紧回转坐标轴来提高刚度，但选择五轴机床的主要目的是使用五轴联动加工的成型能力。

3.4.2 创建多轴加工刀轨关键技术

3.4.2.1 指定刀轴 3+2 轴定向加工

所谓 3+2 轴定向加工，就是将五轴机床的两个回转坐标轴分度转到要求的方位后静止不动，进行该方位上的三轴或三轴以下加工的方法。定向加工有三个用途，一是三轴以下的高效开粗加工；二是对平面上的孔等进行简单加工，且孔位坐标应尽量反映图样尺寸，便于阅读，校正程序；三是有些机床具有回转坐标轴锁紧功能，定向加工可以有效提高机床刚度。

指定刀轴 3+2 轴定向加工主要用于三轴以下的高效开粗加工。具体做法是设置主坐标系 XM-YM-ZM 和夹具偏置，或者设置局部坐标系 XM-YM-ZM 和夹具偏置，但在无特殊输出的情况下，应通过指定矢量等来确定具体刀轴方向的定向加工方法。这种方法输出的 NC 程序坐标值，无论刀轴转到任何方位，都是在上面设置的坐标系中的坐标值，尽管坐标值可读性差，但操作和后处理简单，特别是进行刀轨阵列非常方便，经常被使用。

3.4.2.2 使用主坐标系（MCS）的局部坐标系的 3+2 轴定向加工

这种定向加工方法等同于指定刀轴 3+2 轴定向加工法。它是在主坐标系 XM-YM-ZM 和夹具偏置确定的条件下，创建特殊输出，作为使用主坐标系（MCS）的局部坐标系 XM-YM-ZM（等同于确定主坐标系的夹具偏置后，旋转每个局部坐标系的 ZM 轴，使之垂直于加工平面）。它输出的 NC 程序坐标值，无论局部坐标系建在哪里，均是在上面设置的主坐标系中的坐标值，坐标值可读性差，创建多个局部坐标系比较麻烦，但操作和后处理简单。

3.4.2.3　使用旋转 CSYS 局部坐标系的 3+2 轴定向加工

现代的数控系统几乎都有定向加工功能，如 FANUC 的特征坐标系 G68.2、SIEMENS 的倾斜面功能 TRANS、HEIDENHAIN 的倾斜面功能 PLANE 等，这些功能都通过坐标变换使刀轴与加工平面垂直。其共同特点是要建立主从加工坐标系，在主坐标系下建立从坐标系，将主坐标系设置为"主要"和"夹具偏置"，或者"局部""无特殊输出""夹具偏置"，将从坐标系设置为"局部""特殊输出旋转 CSYS""夹具偏置"。在从坐标系中，刀轴垂直于加工平面，类似三轴编程加工，程序的可读性好，便于编辑修改，常用于箱体类零件的定向加工。

在实际使用中，往往采用刀轴和旋转坐标系混合使用的 3+2 轴定向加工方法。

3.4.2.4　侧刃驱动体刀轴

侧刃驱动体刀轴控制刀具侧刃始终与驱动曲面相切或平行，无论是圆柱侧刃还是圆锥侧刃都不会过切，如图 3-5 所示。

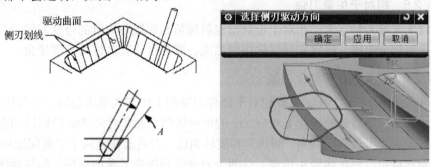

图 3-5　侧刃驱动体刀轴

侧刃驱动方向选侧刃划线方向，且要顺着刀轴方向，侧倾角 A 又使刀具柄部稍稍倾斜，离开驱动曲面，防止宽接触划伤已加工表面。

侧刃驱动体刀轴可配多种投影矢量，同一种刀轴可以适用于不同的驱动方法，但侧刃驱动体刀轴只适用于曲面驱动，如表 3-2 所示。

表 3-2　刀轴与驱动方法的选配关系

刀　　轴	驱 动 方 法					
	曲线/点	螺　　旋	边　　界	曲　　面	刀　　轨	径向切削
远离点	√	√	√	√	√	√
朝向点	√	√	√	√	√	√
远离直线	√	√	√	√	√	√
朝向直线	√	√	√	√	√	√
相对于矢量	√	√	√	√	√	√
垂直于部件	√	√	√	√	√	√

续表

刀 轴	驱 动 方 法					
	曲线/点	螺 旋	边 界	曲 面	刀 轴	径 向 切 削
相对于部件	√	√	√	√	√	√
4 轴，垂直于部件	√	√	√	√	√	√
4 轴，相对于部件	√	√	√	√	√	√
双 4 轴在部件上	√	√	√	√	√	√
插补矢量	√			√		
插补角度至部件						
插补角度至驱动						
侧刃驱动体				√		
垂直于驱动体				√		
相对于驱动体				√		
4 轴，垂直于驱动体				√		
4 轴，相对于驱动体				√		
双 4 轴在驱动体上				√		

注：黑体内容已在四轴机床相关内容中介绍过。

3.4.2.5　相对于矢量刀轴

相对于矢量刀轴定义了相对于带有指定前倾角和侧倾角矢量的可变刀轴，可由蓝色粗体箭头等指定矢量，根据实际优化切削性能、避让等设置前倾角和侧倾角。

3.4.2.6　双 4 轴在部件上刀轴

双 4 轴在部件上刀轴与 4 轴相对于部件刀轴的工作方式基本相同，但仅用于往复切削模式，第四旋转轴分别定义对应 Zig 的单向切削平面和对应 Zag 的回转切削平面，在两个平面中均可设置前倾角、侧倾角和旋转角度，刀具就在这两个平面间运动。第四旋转轴同样可由蓝色粗体箭头指定，这两个方向分别指定了单向切削、回转切削平面。双 4 轴在部件上刀轴可以避免刀轴拉压交变情况为单拉或单压受力。

3.4.2.7　双 4 轴在驱动体上刀轴

双 4 轴在驱动体上刀轴与双 4 轴在部件上刀轴的工作方式相似，参数设置相同，唯一的区别是参照驱动体。

3.5　项目实施

19 笨风轮-加工刀
路过程介绍 (2)

3.5.1　编制工艺

1. 分析图样、选用工装

加工目标的形状似螺旋圆柱齿轮，五个螺旋齿均匀分布在 $\phi 40 \times 20$ 的圆柱上，尽管齿部的具体参数不明，但结合 UG 分析得知，齿部形状需要用五轴加工成型，齿根圆角

半径 *R*4 是限制选用大刀的瓶颈。$\phi5.5H7$ 孔不仅对精度的要求高，还要与工件中心连线，正好是一个齿宽度为 6 的中心线，这个特点在零件装配调整时，有可能会用到。$\phi26H8$ 的孔与 $\phi12.3$ 的圆锥孔同轴，除齿部两端面和倒角外，齿部、齿根圆、孔均为 *Ra*3.2，工件不大，用现有双转台五轴机床加工，用其自带的三爪卡盘夹持工件，用游标卡尺、内径表测量工件，锥孔精度由机床保证，不提供专用量具。

2．拟定加工方案

试制 1 件，选用 $\phi62\times150$ 的圆钢毛坯，长毛坯防止-Z 向超程。为了优先保证加工精度，特别是位置精度，采用工序高度集中原则，一次装夹完成除最后割断、倒角外的所有加工内容。现有 $\phi80$ 直角端铣刀精铣毛坯顶面，一次达到要求，定位孔是开口圆，不能钻铰，镗孔太小，采用粗精钻铣较为合理，大孔、锥孔粗精铣，外圆柱面、顶底齿端面、割断面的要求不高，分层铣削。立铣刀高效槽开粗，球刀先半精铣齿侧，再半精铣齿槽，精铣次序相同，防止口小肚大碰撞干涉。最后切断、倒角、去毛刺等，综合考虑拟定加工方案，如表 3-3 所示。

表 3-3　加工方案

步　号	工步内容	刀　具	切削速度 m/min	主轴转速 rpm	进给量 mm/z	进给速度 mm/min	层厚 mm
1	精铣顶面：$\phi62$ 圆柱毛坯端面达 *Ra*3.2	T1：$\phi80$mm 直角端铣刀，钨钢刀片，8 刃	125	500	0.05	200	1
2	粗钻铣定位孔：$\phi5.5H7$ 到 $\phi5$ 达 *Ra*6.3	T2：$\phi5$mm 钨钢钻铣刀，2 刃	94	6000	0.333	600	实心
3	精钻铣定位孔：$\phi5.5H7$ 达 *Ra*3.2	T3：$\phi6$mm 钨钢钻铣刀，3 刃	103	6000	0.025	300	0.25
4	精铣顶齿侧面：$\phi40$ 圆柱面达 *Ra*6.3	T1：$\phi80$mm 直角端铣刀，钨钢刀片，8 刃	125	500	0.075	300	1.5
5	精铣底齿侧面：$\phi20$ 圆柱达 *Ra*6.3，并保证定位尺寸 3、宽 20	T4：$\phi10$mm 钨钢立铣刀，3 刃	109	3500	0.095	1000	1
6	精铣外圆：$\phi60$ 圆柱达 *Ra*6.3	同上	同上	同上	同上	同上	1
7	粗铣顶面同轴孔系：$\phi26H8$ 孔系达 *Ra*6.2，留余量 0.5	同上	同上	同上	同上	同上	1
8	精铣顶面大孔：$\phi26H8$ 达 *Ra*3.2	同上	109	3500	0.038	400	9
9	锥孔大头倒角：斜角 *C*0.5 达 *Ra*6.3	T5：$\phi6$mm 钨钢球刀，2 刃	113	6000	0.05	600	0.5
10	精铣锥孔：1∶5 锥孔达 *Ra*3.2	同上	113	6000	0.033	400	0.5

续表

步　　号	工步内容	刀　具	切削速度 m/min	主轴转速 rpm	进给量 mm/z	进给速度 mm/min	层厚 mm
11	粗铣槽，留余量1mm	T4：φ10mm 钨钢立铣刀，3 刃	109	3500	0.095	1000	1
12	半精铣左右槽侧，留余量0.25mm	T5：φ6mm 钨钢球刀，2 刃	94	5000	0.04	400	0.75
13	半精铣槽底，留余量0.25mm	同上	同上	同上	同上	同上	同上
14	精铣左右槽侧，达 Ra3.2	T5：φ6mm 钨钢球刀，2 刃	113	600	0.333	400	0.25
	精铣槽底，达 Ra3.2	T4：φ10mm 钨钢立铣刀，3 刃	113	600	0.333	400	0.25
15	割断	同上	109	3500	0.038	400	1
16	倒角、去毛刺	略					

注：批量生产，五轴机床仅加工齿侧和齿槽，用一面两孔定位是优选方案。

3.5.2　拟定编程方案及准备工作

1. 拟定编程方案

一次装夹建立一个主工件坐标系，原点定在工件顶面中心，以便对刀测量，设置自动安全平面距离为 3mm 足矣。用现有 φ80（单位为 mm，下同）直角端铣刀分别固定轮廓铣、曲线驱动精铣 φ62 圆柱毛坯顶面，一刀完成，高效而无接刀痕，接着用该大刀圆弧切入/切出，分层精铣顶面齿侧。用钻削方式粗、精钻铣定位孔。新建精铣底面齿侧工件几何体"WORKPIECE_底"，新建 φ20×5 圆柱作为工件，包容圆柱毛坯半径偏置 21 成 φ62、曲线驱动、用 φ10 立铣刀分 10 层以多轴铣削成型槽方式加工顶面齿侧。新建精铣外圆工件几何体"WORKPIECE_外"，新建 φ60×20 圆柱作为部件，包容圆柱毛坯半径偏置 1 成 φ62×20、分层型腔铣 φ60×20 圆柱面。分层型腔铣粗铣中心孔系，一层型腔铣精铣 φ26H8 大孔，流线驱动分层固定轮廓精铣倒角、锥孔。至此，基本完成了齿及齿槽以外的次要加工。

采用 3+2 轴定向型腔铣、φ10 立铣刀跟随部件，先分层粗铣一个齿槽，再绕轴线阵列变换实例 4 个，共 5 个（均布）。

分别以齿槽左/右侧面为驱动曲面，以朝向直线投影、侧刃驱动体刀轴的方式，用球刀多轴曲面铣齿槽两侧。以齿槽底三曲面为驱动曲面，以朝向直线投影、远离直线刀轴的方式，用球刀多轴曲面铣齿槽底，无法选择槽底曲面时，将首选项、选择、成链精度改为 0.01 后重新选择。接着将以上三个同时进行阵列变换，最后共形成 5 组（均布）。精加工同理。

新建割断工件几何体"WORKPIECE_割断"进行切断操作，具体过程不再赘述。综合考量，拟定如表 3-4 所示的编程方案。

表 3-4　编程方案

顺序	工步内容	加工方式及工序名称	工件几何体		驱动方式	切削模式	投影矢量	刀轴
			工件	毛坯				
1	精铣顶面	型腔铣的固定轮廓铣：FIXED_CONTOUR_D80R0_T1D1_精顶面	WORKPIECE_主体		曲线：新建草图直线	数量 10		+ZM 轴
			本体	包容圆柱半径偏置1，+ZM 轴偏置 1=φ62，顶面余量 1				
2	粗钻铣定位孔	钻削的钻孔：DRILLING_D5R0_T2D1_粗定位孔	同上	同上				同上
3	精钻铣定位孔	钻削的钻孔：DRILLING_D5.5R0_T3D1_精定位孔	同上	同上				
4	精铣顶齿侧面	型腔铣的深度轮廓铣：VARIABLE_CONTOUR_D10R0_T4D1_精_顶齿侧	同上	同上				同上
5	精铣底齿侧面	多轴可变轮廓铣：VARIABLE_CONTOUR_D10R0_T4D1_精底齿侧	WORKPIECE_底		曲线：φ20 圆柱边线	分层1，步数10	刀轴	远离直线
			新建φ20×5圆柱	包容圆柱半径偏置21=φ62				
6	精铣外圆	型腔铣：CAVITY_MILL_D10R0_T4D1_外圆	WORKPIECE_外圆		跟随部件，层厚 2			+ZM 轴
			新建φ60×20圆柱	包容圆柱半径偏置1=φ62				
7	粗铣顶面同轴孔系	型腔铣：CAVITY_MILL_T4D1_粗_顶内	WORKPIECE_主体			跟随部件，层厚 1		指定矢量：平行+XM 轴
8	精铣顶面大孔	型腔铣：CAVITY_MILL_T4D1_精_顶大孔	同上			轮廓，层厚 9		同上
9	锥孔大头倒角	型腔铣的固定轮廓铣：FIXED_CONTOUR_D6R3_T5D1_精倒角	同上		流线：两倒角线	螺旋，数量 5		同上
10	精铣锥孔	型腔铣的固定轮廓铣：FIXED_CONTOUR_D6R3_T5D1_精锥孔	同上		流线：两孔口线	螺旋，残余高度0.005		同上
11	粗铣槽	型腔铣：CAVITY_MILL_T4D1_粗_槽，绕轴旋转变换 4	同上			跟随部件，层厚 1		指定矢量：平行+XM 轴

顺序	工步内容	加工方式及工序名称	工件几何体		驱动方式	切削模式	投影矢量	刀轴
			工件	毛坯				
12	半精铣左右槽侧	多轴可变轮廓铣：VARIABLE_CONTOUR_T5D1_半精_左侧	同上		曲面：左侧面	往复，数量10	朝向直线	侧刃驱动体
		多轴可变轮廓铣：VARIABLE_CONTOUR_T5D1_半精_右侧	同上		曲面：右侧面	同上	同上	同上
13	半精铣槽底	多轴可变轮廓铣：VARIABLE_CONTOUR_T5D1_半精_底	同上		曲面：槽底3面	同上	同上	远离直线
三个半精加工同时绕轴旋转变换，实例阵列4个								
14	精铣左右槽侧	多轴可变轮廓铣：VARIABLE_CONTOUR_T5D1_精_左侧	同上		曲面：左侧面	往复，残余高度0.003	同上	侧刃驱动体
		多轴可变轮廓铣：VARIABLE_CONTOUR_T5D1_精_右侧	同上		曲面：右侧面	同上	同上	同上
	精铣槽底	多轴可变轮廓铣：VARIABLE_CONTOUR_T5D1_精_底	同上		曲面：槽底3面	同上	同上	远离直线
三个精加工同时绕轴旋转变换，实例阵列4个								
15	割断	多轴可变轮廓铣：VARIABLE_CONTOUR_D10R0_T4D1_割断	WORKPIECE_割断		曲线：φ14圆柱边线	分层1，步数26	刀轴	远离直线
			新建φ14×5圆柱	包容圆柱半径偏置23=φ60				

2．准备工作

1）重合坐标系

（1）绘制坐标系辅助线，选择草图平面。【草图】→【草图类型】在平面上→【选择平的面或平面】→选择φ40圆柱端面。草图平面如图3-6所示。

（2）绘制两圆连心线。【直线】→捕捉φ40圆柱端面圆心→捕捉定位缺口孔口圆心。连心线如图3-7所示。让某一坐标轴与该直线重合，便于夹具找正。

20 笨风轮-创建刀路-基本设置

图3-6 草图平面

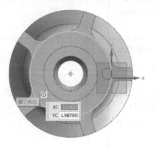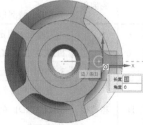
图3-7 连心线

（3）绘制另一坐标轴辅助直线。【直线】→捕捉 $\phi40$ 圆柱端面圆心→绘制与坐标轴大致成 90°的直线→【几何约束】→【垂直】→【选择要约束的对象】选连心线→【选择要约束到的对象】选另一直线→【关闭】，如图 3-8 所示，让某一坐标轴与该直线重合，便于夹具找正。

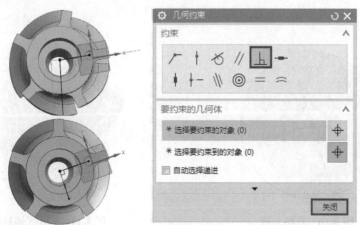

图 3-8　创建另一辅助线

（4）WCS 坐标系重合辅助线。【格式】→【WCS】→【定向】→【类型】原点，X点，Y 点→【原点】指定中心点→【X 轴点】指定远离原点的连心线端点→【Y 轴点】指定远离原点的另一条直线端点→【确定】，如图 3-9 所示。

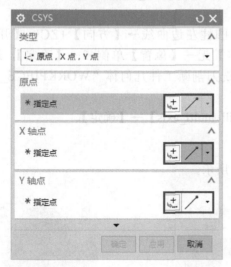
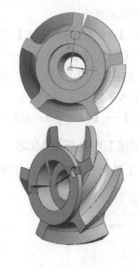

图 3-9　创建 WCS 坐标系

2）创建精铣顶面驱动直线

在同一草图平面上，过圆心画一条长 65 的直线，两端长出工件轮廓的距离相等，如图 3-10 所示。

3）创建圆

在同一草图平面上，创建 $\phi60$ 圆备用，如图 3-10 所示。

21 笨风轮-加工
准备-辅助建模

4）创建精铣底齿侧面部件

【拉伸】→【选择曲线】选 ϕ20 圆柱左边线→【方向】+ZC→【开始】【距离】-2→【结束】【距离】3→【布尔】无→【确定】，选 ϕ20×5 圆柱体，作为用 ϕ10 立铣刀侧铣底齿侧面工件几何体"WORKPIECE_底"的部件，如图 3-11 所示。

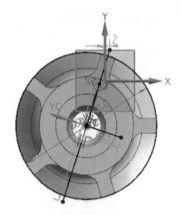
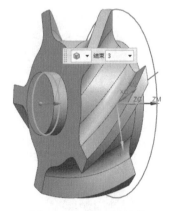

图 3-10　直线与圆　　　　　　　　图 3-11　ϕ20×5 圆柱体

5）创建精铣外圆侧面部件

【拉伸】→【选择曲线】选 ϕ60 圆曲线→【方向】-ZC→【开始】【距离】3→【结束】【距离】23→【布尔】无→【确定】，选 ϕ60×20 圆柱体，如图 3-12 所示，作为用 ϕ10 立铣刀侧铣外圆柱侧面的工件几何体"WORKPIECE_外圆"的部件。

6）创建割断部件

【拉伸】→【选择曲线】选 ϕ20 圆柱左边曲线→【方向】+ZC→【开始】【距离】-5→【结束】【距离】0→【布尔】无→【偏置】单侧-3→【确定】，选 ϕ14×5 圆柱体，如图 3-13 所示，用 ϕ10 立铣刀割断工件几何体"WORKPIECE_割断"。

7）进入多轴加工环境

【加工】→【cam_general】→【mill_multi_axis】→【确定】。

3. 创建工件坐标系 MCS

创建工件坐标系 MCS，如图 3-14 所示。

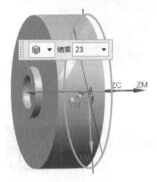
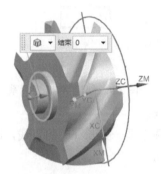

图 3-12　ϕ60×20 圆柱体　　图 3-13　ϕ14×5 圆柱体　　图 3-14　创建工件坐标系 MCS

4．创建工件几何体

1）创建 WORKPIECE_主体

间隔单击【WORKPIECE】并更名为【WORKPIECE_主体】→双击【WORKPIECE_主体】→【指定部件】选工件→【指定毛坯】→【类型】包容圆柱体→【ZM+】1→【偏置】1→【确定】，得到主要加工工件几何体"WORKPIECE_主体"。

2）创建 WORKPIECE_底

复制、粘贴【WORKPIECE_主体】并更名为【WORKPIECE_底】→双击【WORKPIECE_底】→【指定部件】取消选中原部件并选 ϕ20×5 圆柱体→【指定毛坯】→【类型】包容圆柱体→【偏置】21→【确定】，得 ϕ10 立铣刀侧铣底齿侧面工件几何体"WORKPIECE_底"。

3）创建 WORKPIECE_外圆

复制、粘贴【WORKPIECE_底】并更名为【WORKPIECE_外圆】→双击【WORKPIECE_外圆】→【指定部件】取消选中原部件并选 ϕ60×20 圆柱体→【指定毛坯】→【类型】包容圆柱体→【偏置】1→【确定】，得 ϕ10 立铣刀侧铣外圆的工件几何体"WORKPIECE_外圆"。

4）创建 WORKPIECE_割断

复制、粘贴【WORKPIECE_外圆】并更名为【WORKPIECE_割断】→双击【WORKPIECE_割断】→【指定部件】取消选中原部件并选 ϕ14×5 圆柱体→【指定毛坯】→【类型】包容圆柱体→【偏置】23→【确定】，得 ϕ10 立铣刀割断的工件几何体"WORKPIECE_割断"。

5．创建刀具

工件最小内圆弧半径为4，采用 SIEMENS840D 数控系统，创建刀具如图 3-15 所示。

工序导航器 - 机床		□
名称	描述	刀具号
GENERIC_MACHINE	Generic Machine	
未用项	mill_multi-axis	
MILL_D80R0_Z8_T1D1	Milling Tool-5 Parameters	1
MILL_D5R0_Z2_T2D1	Milling Tool-5 Parameters	2
MILL_D6R0_T3D1	Milling Tool-5 Parameters	3
MILL_D10R0_Z3_T4D1	Milling Tool-5 Parameters	4
BALL_MILL_D6R3_Z2_T5D1	Milling Tool-Ball Mill	5

图 3-15　创建刀具

3.5.3　创建工序

22 笨风轮-
顶面、定位孔

1．精铣顶面

1）创建型腔铣的固定轮廓铣工序

【几何视图】→【创建工序】mill_contour→【工序子类型】FIXED_CONTOUR→【刀具】MILL_D80R0_Z8_T1D1→【几何体】WORKPIECE_主体→【名称】FIXED_CONTOUR_D80R0_T1D1_精顶面→【确定】，如图 3-16 所示。

图 3-16　创建型腔铣工序

2）设置驱动方法

【驱动方法】→【方法】曲线/点→设置驱动方法（如图 3-17 所示）→【切削步长】数量→【数量】1→【确定】。

3）设置非切削移动

【进刀】线性→【确定】。

4）设置进给率和速度

【进给率和速度】→【☑主轴转速 rpm】500→【计算器】→【切削】200→【计算器】→【确定】。

5）生成刀轨

【生成】→出现如图 3-18 所示的精加工顶面刀轨→【确定】。

图 3-17　设置驱动方法　　　　　　　图 3-18　精加工顶面刀轨

2. 粗钻铣定位孔

1）创建钻削工序

【几何视图】→【创建工序】→【类型】drill→【刀具】MILL_D5R0_Z2_T2D1→【几何体】WORKPIECE_主体→【名称】DRILLING_D5R0_T2D1_粗定位孔→【确定】，如图 3-19 所示。

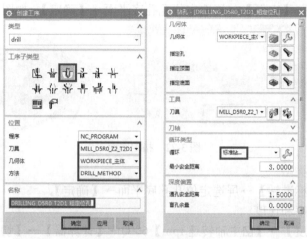

图 3-19　创建钻削工序

2）设置几何体

（1）指定孔。【指定孔】→【选择】→【一般点】→屏选定位孔口圆→【确定】→【确定】→【返回】，如图 3-20 所示。

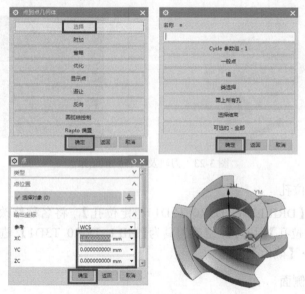

图 3-20　指定孔

（2）指定顶面。【顶面】→屏选定位孔孔口平面→【确定】，如图 3-21 所示。

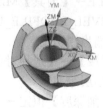

图 3-21　指定顶面

（3）指定底面。【底面】→屏选定位孔孔底平面→【确定】，如图 3-22 所示。

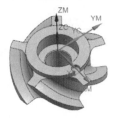

图 3-22　指定底面

3）设置循环类型

【循环】→【标准钻】→屏选定位孔孔底平面→【确定】。

4）设置进给率和速度

【进给率和速度】→【☑主轴转速 rpm】6000→【计算器】→【切削】600→【计算器】→【确定】。

5）生成刀轨及动态模拟结果

【生成】→【确定】→【确定】→2D→【播放】→【确定】→【确定】，刀轨及动态模拟结果如图 3-23 所示。

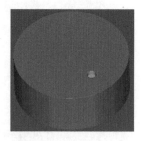

图 3-23　刀轨及动态模拟结果

3．精钻铣定位孔

复制、粘贴【DRILLING_D5R0_T2D1_粗定位孔】，将名称修改为【DRILLING_D6R0_T3D1_精定位孔】后双击，修改刀具为【MILL_D6R0_T3D1】，进给率为 300→【生成】→【确定】→【确定】。

4．精铣顶齿侧面

（1）创建型腔铣的深度轮廓铣工序。

【几何视图】→【创建工序】→【类型】mill_contour→【工序子类型】ZLEVEL_PROFILE→【刀具】MILL_D80R0_Z8_T1D1→【几何体】WORKPIECE_主体→【名称】ZLEVEL_PROFILE_D80R0_T1D1_精_顶齿侧→【确定】，如图 3-24 所示。

（2）指定上端齿侧切削区域。

【指定切削区域】→【选择对象】→指定切削区域（如图 3-25 所示）→【确定】。

（3）设置切削层等刀轨。

【公共每刀切削深度】恒定→【最大距离】1.5→【切削层】1（如图 3-24 所示）→按图 3-26 进行切削层设置→【确定】。

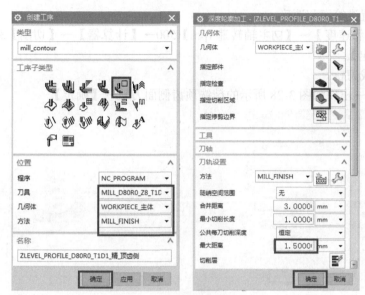

图 3-24　创建深度轮廓铣工序

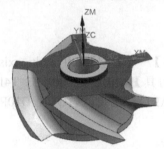

图 3-25　指定切削区域

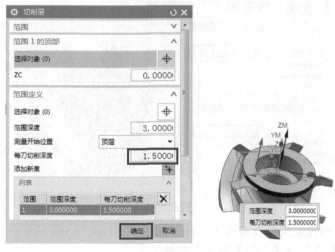

图 3-26　切削层设置

（4）设置非切削移动。

【非切削移动】→【进刀】→按图 3-27 设置→【确定】。

（5）设置进给率和速度。

【进给率和速度】→【☑主轴转速 rpm】500→【计算器】→【切削】300→【计算器】→【确定】。

（6）生成刀轨。

【生成】→出现如图 3-28 所示的精铣顶齿侧面刀轨→【确定】。

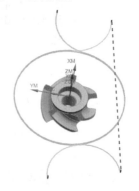

图 3-27　设置非切削移动　　　　　　图 3-28　精铣顶齿侧面刀轨

5. 精铣底齿侧面

（1）创建可变轮廓铣工序。

23 笨风轮-
精铣外圆

【几何视图】→【创建工序】→【类型】mill_multi_axis→【工序子类型】VARIABLE_CONTOUR→【刀具】MILL_D10R0_Z3_T4D1→【几何体】WORKPIECE_底→【名称】VARIABLE_CONTOUR_D10R0_T4D1_精_底齿侧→【确定】。

（2）设置曲线/点驱动方法。

【曲线/点驱动方法】→【列表】驱动组 1→【左偏置】2→【切削步长】数量→【数量】10→【确定】，如图 3-29 所示。

图 3-29　设置曲线/点驱动方法

（3）选择刀轴投影矢量及垂直于部件刀轴。

【投影矢量】刀轴→【刀轴】垂直于部件。

（4）设置多刀轨等切削参数。

【切削参数】→【多刀轨】→【部件余量偏置】20→【☑多重深度切削】→【步进方式】增量→【增量】1→【确定】。

（5）设置非切削移动。

【非切削移动】→【进刀】→【进刀类型】圆弧-平行于刀轴→【退刀】→【退刀类型】与进刀相同（20）→【转移/快速】→【公共安全设置】圆柱→【指定点】孔系中心→【指定点矢量】孔系轴线→【半径】35→【确定】。设置非切削移动后的效果如图 3-30 所示。

（6）设置进给率和速度。

【进给率和速度】→【☑主轴转速 rpm】3500→【计算器】→【切削】500→【计算器】→【更多】→【进刀】50%→【确定】。

（7）生成刀轨及动态模拟结果。

【生成】→【确定】→【2D】→【播放】刀轨如图 3-31 所示→【确定】→【确定】。

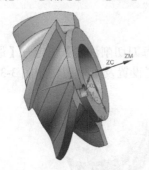

图 3-30　设置非切削移动后的效果　　　　　　　　图 3-31　刀轨

6．精铣外圆

（1）创建型腔铣工序。

24 笨风轮-底齿侧面多轴多刀路分层

【几何视图】→【创建工序】→【类型】mill_contour→【工序子类型】CAVITY_MILL→【刀具】MILL_D10R0_Z3_T4D1→【几何体】WORKPIECE_外圆→【名称】CAVITY_MILL_D10R0_T4D1_外圆→【确定】，如图 3-32 所示。

图 3-32　创建型腔铣工序

（2）指定 $\phi60\times20$ 圆柱面切削区域。

【切削区域】→【选择对象】→屏选 $\phi60\times20$ 圆柱面→【确定】，如图 3-33 所示。

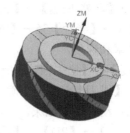

图 3-33　指定切削区域

（3）跟随部件等刀轨设置。

【刀轨设置】→【切削模式】跟随部件→【公共每刀切削深度】恒定→【最大距离】
2→【切削层】→【范围深度】21→【确定】。切削层设置及工序刀轨如图 3-34 所示。

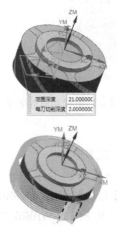

图 3-34　切削层设置及工序刀轨

（4）设置非切削移动。

【非切削移动】→【进刀】→【开放区域】→【进刀类型】圆弧→【退刀】→【退
刀类型】与进刀相同→【转移/快速】→【安全设置】使用继承的→【确定】。

（5）设置进给率和速度。

【进给率和速度】→【☑主轴转速 rpm】3500→【计算器】→【切削】350→【计算
器】→【确定】。

（6）生成刀轨及模拟。

【生成】→【确定】→【2D】→【播放】→【确定】→【确定】。

7. 粗铣顶面同轴孔系

（1）创建型腔铣工序。

【几何视图】→【创建工序】→【类型】mill_contour→【工序子类型】
CAVITY_MILL→【刀具】MILL_D10R0_Z3_T4D1→【几何体】WORKPIECE_
主体→【名称】CAVITY_MILL_T4D1_粗_顶内→【确定】，如图 3-35 所示。

25 笨风轮-粗铣
顶阶梯孔

图 3-35　创建型腔铣工序

（2）指定中心孔系面切削区域。

【切削区域】→【选择对象】→屏选中心孔系面→【确定】，如图 3-36 所示。

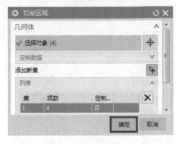
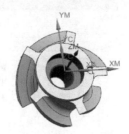

图 3-36　指定中心孔系面切削区域

（3）跟随部件刀轨设置。

【刀轨设置】→【切削模式】跟随部件→【公共每刀切削深度】恒定→【最大距离】
1→【切削层】→【范围深度】28→【确定】。设置切削层及工序刀轨如图 3-37 所示。

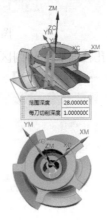

图 3-37　设置切削层及工序刀轨

（4）设置非切削移动。

【非切削移动】→【进刀】→【开放区域】→【进刀类型】圆弧→【退刀】→【退刀类型】与进刀相同→【转移/快速】→【安全设置】使用继承的→【确定】。

（5）设置进给率和速度。

【进给率和速度】→【☑主轴转速 rpm】3500→【计算器】→【切削】500→【计算器】→【确定】。

（6）加工余量。

【切削参数】→【余量】0.5→【确定】。

（7）生成刀轨及模拟。

【生成】→【确定】→【2D】→【播放】→【确定】→【确定】。

8．精铣顶面大孔

26 笨风轮-精铣
顶阶梯孔

（1）创建型腔铣工序。

【几何视图】→【创建工序】→【类型】mill_contour→【工序子类型】CAVITY_MILL→【刀具】MILL_D10R0_Z3_T4D1→【几何体】WORKPIECE_主体→【名称】CAVITY_MILL_T4D1_精_顶大孔→【确定】，如图 3-38 所示。

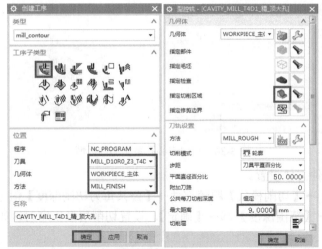

图 3-38　创建型腔铣工序

（2）指定大孔柱面底面切削区域。

【切削区域】→【选择对象】→屏选大孔柱面底面→【确定】，如图 3-39 所示。

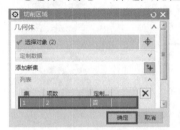
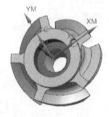

图 3-39　指定大孔柱面底面切削区域

（3）跟随部件刀轨设置。

【刀轨设置】→【切削模式】跟随部件→【公共每刀切削深度】恒定→【最大距离】9→【切削层】→【范围深度】9→【确定】。设置切削层及工序刀轨如图3-40所示。

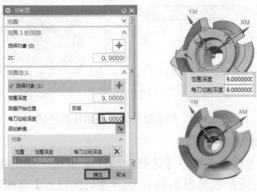

图3-40　设置切削层及工序刀轨

（4）设置非切削移动。

【非切削移动】→【进刀】→【开放区域】→【进刀类型】圆弧→【退刀】→【退刀类型】与进刀相同→【转移/快速】→【安全设置】使用继承的→【确定】。

（5）设置进给率和速度。

【进给率和速度】→【☑主轴转速rpm】3500→【计算器】→【切削】400→【计算器】→【确定】。

（6）生成刀轨及模拟。

【生成】→【确定】→【2D】→【播放】→【确定】→【确定】。

9. 锥孔大头倒角

（1）创建固定轮廓铣工序。

【几何视图】→【创建工序】→【类型】mill_contour→【工序子类型】FIXED_CONTOUR→【刀具】BALL_MILL_D6R3_Z2_T5D1→【几何体】WORKPIECE_主体→【名称】FIXED_CONTOUR_D6R3_T5D1_精倒角→【确定】，如图3-41所示。

图3-41　创建固定轮廓铣工序

（2）指定锥孔大头倒角切削区域。

【切削区域】→【选择对象】屏选锥孔大头倒角斜面→【确定】，如图 3-42 所示。

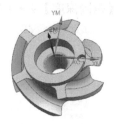

图 3-42 指定锥孔大头倒角切削区域

（3）设置流线驱动方法。

【驱动方法】→【方法】流线→【选择曲线(1)】屏选上倒角线→【添加新集】屏选下倒角线→【反向】使两条线如图 3-43 所示→【切削模式】@螺旋或螺旋式→【步距】数量→【步距数】5→【确定】。

（4）设置非切削移动。

【非切削移动】→【进刀】→【开放区域】→【进刀类型】圆弧-垂直于刀轴→【退刀】→【退刀类型】与进刀相同→【转移/快速】→【安全设置】使用继承的→【确定】。

（5）设置进给率和速度。

【进给率和速度】→【☑主轴转速 rpm】6000→【计算器】→【切削】600→【计算器】→【确定】。

（6）生成刀轨及模拟。

【生成】→【确定】→【2D】→【播放】效果如图 3-43 所示→【确定】→【确定】。

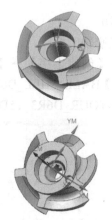

图 3-43 设置流线驱动方法与工序刀轨

27 笨风轮-精铣
锥孔及倒角

10. 精铣锥孔

（1）创建固定轮廓铣工序。

【几何视图】→【创建工序】→【类型】mill_contour→【工序子类型】FIXED_CONTOUR→【刀具】BALL_MILL_D6R3_Z2_T5D1→【几何体】WORKPIECE_主体→

【名称】FIXED_CONTOUR_D6R3_T5D1_精锥孔→【确定】，如图 3-44 所示。

图 3-44　创建固定轮廓铣工序

（2）指定锥孔面切削区域。

【切削区域】→【选择对象】→屏选锥孔面→【确定】，如图 3-45 所示。

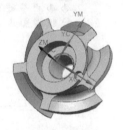

图 3-45　指定锥孔面切削区域

（3）设置流线驱动方法。

【驱动方法】→【方法】流线→【选择曲线（1）】屏选上孔口线→【添加新集】屏选下孔口线→【反向】使两条线同向（如图 3-46 所示）→【切削模式】@螺旋或螺旋式→【步距】残余高度→【最大残余高度】0.005→【确定】。

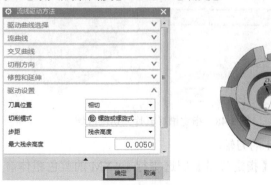

图 3-46　设置流线驱动方法

（4）设置非切削移动。

【非切削移动】→【进刀】→【开放区域】→【进刀类型】圆弧-垂直于刀轴→【退刀】→【退刀类型】与进刀相同→【转移/快速】→【安全设置】使用继承的→【确定】。

（5）设置进给率和速度。

【进给率和速度】→【☑主轴转速 rpm】6000→【计算器】→【切削】600→【计算器】→【确定】。

（6）生成刀轨及模拟。

【生成】→【确定】→【确定】。

28 笨风轮-
齿槽粗加工

11．粗铣槽

（1）创建型腔铣工序。

【几何视图】→【创建工序】→【类型】mill_contour→【工序子类型】CAVITY_MILL→【刀具】MILL_D10R0_Z3_T4D1→【几何体】WORKPIECE_主体→【名称】CAVITY_MILL_T4D1_粗_槽→【确定】，如图 3-47 所示。

图 3-47　创建型腔铣工序

（2）指定槽（五片）切削区域。

【切削区域】→【选择对象】屏选+XM 对应的槽曲面→【确定】，如图 3-48 所示。

图 3-48　指定槽（五片）切削区域

（3）选择平行于+XM 的刀轴。

【刀轴】→【轴】→【指定矢量】屏选平行于+XM 的蓝色粗体箭头。选择刀轴如图 3-49 所示。

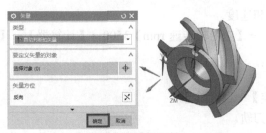

图 3-49　选择刀轴

（4）设置切削层等的刀轨。

【刀轨设置】→【切削模式】跟随部件→【公共每刀切削深度】恒定→【最大距离】1→【切削层】→【确定】。设置刀轨如图 3-50 所示。

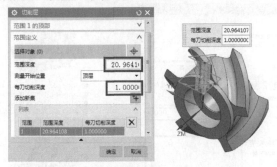

图 3-50　设置刀轨

（5）设置非切削移动。

【非切削移动】→【进刀】→【封闭区域】→【进刀类型】与开放区域相同→【开放区域】→【进刀类型】线性→【退刀】→【退刀类型】与进刀相同→【转移/快速】→【安全设置选项】圆柱→【指定点】屏选圆心→【指定矢量】屏选平行于+ZM 轴的粗体箭头→【确定】→【确定】，如图 3-51 所示。

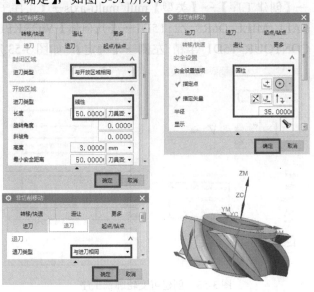

图 3-51　设置非切削移动

（6）设置进给率和速度。

【进给率和速度】→【☑主轴转速 rpm】3500→【计算器】→【切削】1000→【计算器】→【确定】。

（7）生成刀轨。

【生成】→【确定】→【确定】。

（8）绕轴线变换刀轨。

右击工序名【CAVITY_MILL_T4D1_粗_槽】→【对象】→【变换】→【类型】绕直线旋转→【指定点】屏选圆心→【指定矢量】屏选平行于+ZM 轴的粗体箭头→【角度】72→【⊙实例】→【距离/角度分割】1→【实例数】4→【确定】→【确定】，如图 3-52 所示。

图 3-52　刀轨变换

29 笨风轮-半精铣齿立面

12. 半精铣槽左侧

（1）创建可变轮廓铣工序。

【几何视图】→【创建工序】→【类型】mill_multi-axis→【工序子类型】CAVITY_MILL→【刀具】BALL_MILL_D6R3_Z2_T5D1→【几何体】WORKPIECE_主体→【名称】VARIABLE_CONTOUR_T5D1_半精_左侧→【确定】，如图 3-53 所示。

图 3-53　创建可变轮廓铣工序

（2）指定槽口左侧切削区域。

【切削区域】→【选择对象】→屏选+XM 轴对应的槽左侧面→【确定】，如图 3-54 所示。

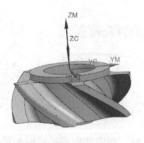

图 3-54　指定槽口左侧切削区域

（3）选择曲面驱动方法。

【驱动方法】→【方法】曲面→【指定驱动几何体】→【选择对象】屏选切削区域相同面→【确定】→【切削区域】曲面%→【第一个起点%】-1→【第一个终点%】101→【最后一个起点%】-1→【最后一个终点%】101→【确定】→【切削方向】屏选圆圈箭头→【确定】→【材料反向】箭头朝外→【切削模式】往复→【步距】数量→【步距数】10→【确定】，如图 3-55 所示。扩大"曲面%"，使刀轨充分覆盖加工区域，防止毛坯过大而加工不干净。

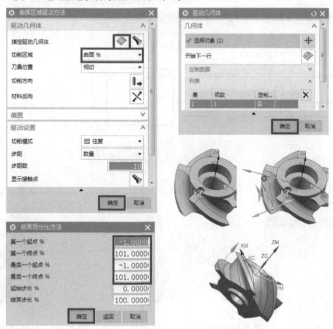

图 3-55　选择曲面驱动方法

（4）指定朝向直线投影矢量。

【投影矢量】→【矢量】朝向直线→【指定矢量】屏选平行于+ZM 的蓝色粗体箭头→【指定点】圆心→【确定】，如图 3-56 所示。

（5）选择侧刃驱动体刀轴。

【刀轴】侧刃驱动体→【指定侧刃方向】如图 3-57 所示→【画线类型】栅格或修剪→【侧倾角】0→【确定】。

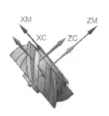

图 3-56 指定朝向直线投影矢量   图 3-57 指定侧刃方向

（6）设置加工余量。

【切削参数】→【余量】0.25。

（7）设置非切削移动。

【非切削移动】→【开放区域】→【进刀类型】线性→【退刀】→【开放区域】→【退刀类型】与进刀相同→【转移/快速】→【安全设置选项】圆柱→【指定点】屏选圆心→【指定矢量】屏选平行于+ZM 的粗体箭头→【确定】→【确定】，如图 3-58 所示。

创建半精铣槽右侧刀轨的方法同半精铣槽左侧刀轨，半精铣槽左侧与右侧刀轨如图 3-59 所示。

图 3-58 设置非切削移动   图 3-59 半精铣槽左侧与右侧刀轨

（8）设置进给率和速度。

【进给率和速度】→【☑主轴转速 rpm】5000→【计算器】→【切削】400→【计算器】→【确定】。

（9）生成刀轨。

【生成】→【确定】→【确定】。

30 笨风轮-半精
铣齿底面

13. 半精铣槽底

1）创建可变轮廓铣工序

【几何视图】→【创建工序】→【类型】mill_multi-axis→【工序子类型】VARIABLE_CONTOUR→【刀具】BALL_MILL_D6R3_Z2_T5D1→【几何体】WORKPIECE_主体→【名称】VARIABLE_CONTOUR_T5D1_半精_底→【确定】，如图 3-60 所示。

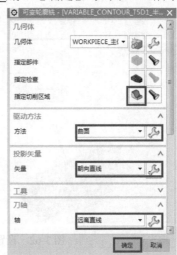

图 3-60　创建可变轮廓铣工序

2）指定槽底三面切削区域

【切削区域】→【选择对象】→屏选槽底三面→【确定】，如图 3-61 所示。

图 3-61　指定槽底三面切削区域

3）设置曲面驱动方法

（1）调低成链精度。【首选项】→【选择】→【成链】→【公差】0.1→【确定】，否则可能不能选择驱动曲面。

（2）设置驱动曲面。【驱动方法】→【方法】曲面→【指定驱动几何体】顺序→屏选槽底三面（如图 3-62 所示）→【确定】。【切削方向】→【方法】曲面→【指定驱动几何体】顺序→屏选槽底三面→【确定】。【材料反向】箭头朝外→【切削模式】往复→【步距】数量→【步距数】30→【确定】。

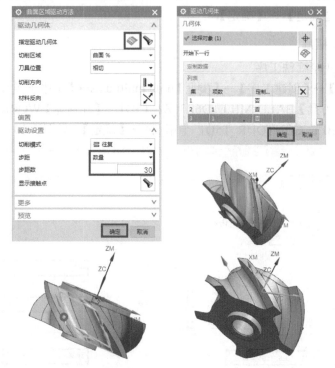

图 3-62　设置曲面驱动方法

4）选择朝向直线投影矢量和远离直线刀轴

【投影矢量】→【矢量】朝向直线。【刀轴】→【轴】远离直线，选择投影矢量和刀轴，如图 3-63 所示。余量、非切削移动、速度等设置同半精铣槽侧面。

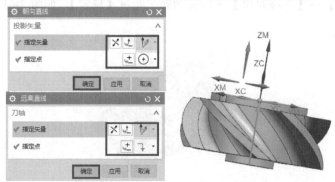

图 3-63　选择朝向直线投影矢量和远离直线刀轴

5）变换槽侧及槽底刀轨

同时选取"VARIABLE_CONTOUR_T5D1_半精_左侧""VARIABLE_CONTOUR_T5D1_半精_右侧"和"VARIABLE_CONTOUR_T5D1_半精_底"并右击→【对象】→【变换】→【类型】绕直线旋转→【指定点】屏选圆心→【指定矢量】屏选平行于+ZM轴的粗体箭头→【角度】72→【⊙实例】→【距离/角度分割】1→【实例数】5→【确定】→【确定】，如图 3-64 所示。

图 3-64 变换槽侧及槽底刀轨

31 笨风轮-齿槽
精加工

14. 精加工左右槽侧及槽底

（1）复制、粘贴、修改。

复制 "VARIABLE_CONTOUR_T5D1_半精_左侧" "VARIABLE_CONTOUR_T5D1_半精_右侧" 及 "VARIABLE_CONTOUR_T5D1_半精_底" 并粘贴，分别将其名称修改为 "VARIABLE_CONTOUR_T5D1_精_左侧" "VARIABLE_CONTOUR_T5D1_精_右侧" 及 "VARIABLE_CONTOUR_T5D1_精_底"。

（2）修改步距。

双击工序名→【驱动方法】→【扳手】→【步距】→【残余高度】0.003→【确定】。

（3）修改加工方式。

【刀轨设置】→【方法】MILL_FINISH。

（4）修改进给率和速度。

【进给率和速度】→【☑主轴转速】6000→【计算器】→【进给率】400→【计算器】→【确定】。

（5）生成刀轨。

【生成】→【确定】→【确定】。

（6）变换精加工刀轨。

同理可得变换精加工刀轨的操作方法，结果如图 3-65 所示。

图 3-65 变换精加工刀轨

15．割断

（1）创建可变轮廓铣工序。

【几何视图】→【创建工序】mill_multi-axis→【工序子类型】
VARIABLE_CONTOUR→【刀具】MILL_D10R0_Z3_T4D1→【几何体】
WORKPIECE_割断→【方法】MILL_FINISH→【名称】
VARIABLE_CONTOUR_D10R0_T4D1_割断→【确定】，如图 3-66 所示。

32 笨风轮-割断
加工结束

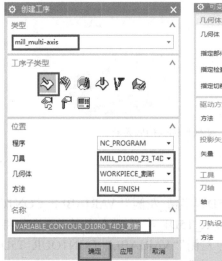

图 3-66　创建可变轮廓铣工序

（2）设置曲线/点驱动方法。

【驱动方法】→【方法】曲线/点→选 ϕ14×5 圆柱下端边圆为【列表】驱动组 1→【切削步长】数量→【数量】5→【确定】，如图 3-67 所示。

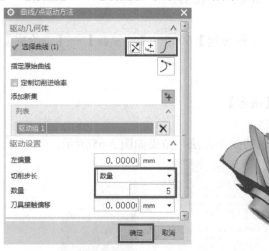
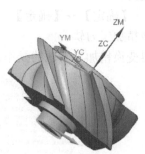

图 3-67　设置曲线/点驱动方法

（3）选择刀轴投影矢量。

【投影矢量】刀轴。

（4）选择远离直线刀轴。

【刀轴】→【轴】远离直线→【指定矢量】屏选平行于+ZM 轴的粗体箭头→【指定点】屏选任一中心线上的圆心→【确定】。选择远离直线刀轴如图 3-68 所示。

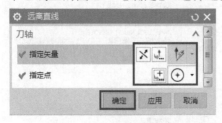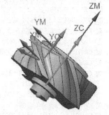

图 3-68　选择远离直线刀轴

（5）设置多刀轨等切削参数。

【切削参数】→【多刀轨】→【部件余量偏置】26→【☑多重深度切削】→【步进方式】增量→【增量】1→【确定】。

（6）设置非切削移动。

【非切削移动】→【进刀】→【进刀类型】圆弧-平行于刀轴→【退刀】→【退刀类型】与进刀相同→【转移/快速】→【公共安全设置】圆柱→【指定点】孔系中心→【指定点矢量】孔系轴线→【半径】35→【确定】。

（7）设置进给率和速度。

【进给率和速度】→【☑主轴转速 rpm】3500→【计算器】→【切削】500→【计算器】→【更多】→【进刀】50%→【确定】。

（8）生成刀轨及模拟结果。

【生成】→【确定】→【确定】，刀轨如图 3-69 所示。

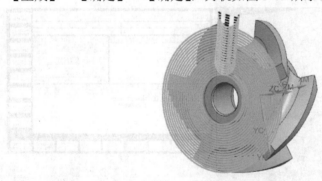

图 3-69　刀轨

33 笨风轮-宇龙
仿真加工

3.5.4　仿真加工

1. 后处理

用 SIEMENS840D 数控系统、双转台 AC 真五轴机床，采用顺序换刀方式、不输出 G02/G03 而输出 G01 的自构后处理器 5TT_AC_S840D_seq_G01，输出 NC 代码程序 5TT_AC_S840D_加工笨风轮，后处理及程序（部分）如图 3-70 所示。

图 3-70　后处理及程序（部分）

2. 仿真加工

宇龙软件仿真加工结果如图 3-71 所示，VERICUT 软件仿真加工结果如图 3-72 所示。

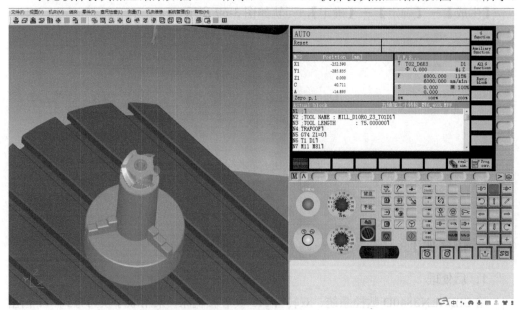

图 3-71　宇龙软件仿真加工结果

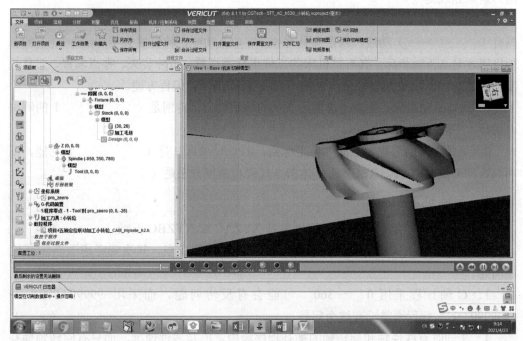

图 3-72 VERICUT 软件仿真加工结果

3.6 考核与提高

通过做题验证、考核、提高，按 100 分计。填空题、判断题、问答题分别占 10% 的分值；五轴模拟综合题占 30% 的分值，需要按图样要求模拟加工或在线加工、测量，并自制项目过程考核卡记录检验结果，巩固、验证基本岗位工作能力；武器用非标螺旋锥齿轮是企业产品优化题，占 40% 的分值，需要模拟加工，并参照项目实施方法书写项目成果报告，以提高学生的从业技术水平。

一、填空题

1. 五轴机床的典型结构有（　　　　）、（　　　　）和（　　　　）三种。

2. 双转台五轴机床的四轴零点常设置在（　　　　　　　　　　　）。

3. 五轴机床常有（　　）轴定向和（　　　　　　）联动加工两种方式。

4. 摆头五轴机床，枢轴中心距（摆长）指（　　　　　　）距离，它是刀具（　　　　　）的一部分。

5. 侧刃驱动体刀轴的侧刃方向实际上就是（　　　　）方向，也可以设置侧倾角，其目的是使侧刃（　　　　）离开已加工面。侧倾角在（　　　　　）的平面内测量，侧刃紧贴划线是（　　　）。

6．RPCP 是（　　　　　）编程功能，RTCP 是（　　　　　）编程功能，双转台具有（　　　　　）功能，双摆头具有（　　　　）功能，转台摆头（　　　　　）的五轴机床才是真五轴机床。真五轴机床的工件坐标系设置、工件装夹、零点偏置、刀具长度补偿的对刀、测量方法与（　　　　　　）机床相同，编程方便。

7．选购五轴机床，务必考虑使用人员的编程能力，特别是（　　　　　）的解决办法。

8．五轴机床的编程零点即工件坐标系，RPCP、RTCP 是（　　　　　　）功能，不同的数控系统，RPCP、RTCP 的具体指令代码和编程方法是（　　　　）。

二、判断题

1．五轴机床肯定有 C 轴，其五轴常是 XYZAC 或 XYZBC 五轴。　　（　　）

2．选用五轴机床首先要考虑五轴联动加工使工件成型，其次要考虑改善工艺性能问题。　　（　　）

3．C 轴行程采用 0°～360° 可能会有反转问题，而采用 -999999.999°～+999999.999° 行程通常没有这个问题。　　（　　）

4．在同时有线性轴和旋转轴的插补程序段中，F 是线性速度，而只有回转轴插补程序段中的 F 是角速度，这由系统自动选择。　　（　　）

5．驱动几何体可以是部件几何体的一部分，但当出现选不到驱动曲面的情况时，降低成链公差即可。　　（　　）

6．侧刃驱动体刀轴适用于直纹面驱动体。　　（　　）

7．用立铣刀 3+2 轴定向开粗效率高，比用球刀的切削性能好。　　（　　）

8．多轴联动常用于半精加工、精加工。　　（　　）

9．双摆头机床工件不转，双转台和转台摆头机床工件可能要转。　　（　　）

10．双转台、双摆头、摆头都有专门的附件可选用。　　（　　）

三、问答题

1．如何判断转轴转向？正转比反转好在哪里？

2．假五轴机床如何编程、对刀？

3．侧刃驱动体刀轴需要设置哪几个参数？

4．五轴机床的五轴含义是什么？

5．真五轴机床和假五轴机床主要由什么部件和功能决定？

四、五轴模拟综合题

对于给定的工程图样，制定加工工艺方案、创建刀轨、定制后处理、操作加工，三叶轮如图 3-73 所示。

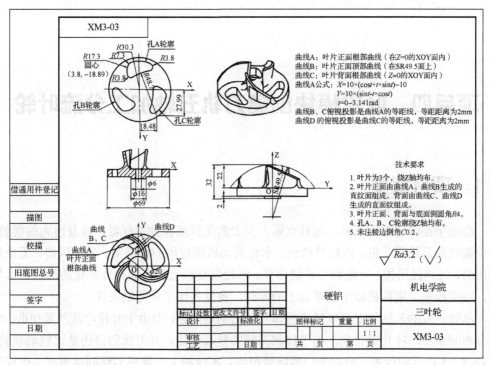

图 3-73　三叶轮

五、企业产品优化题

武器用非标螺旋锥齿轮如图 3-74 所示。采用圆柱毛坯，进行 3+2 轴定向开粗加工、五轴联动精加工。

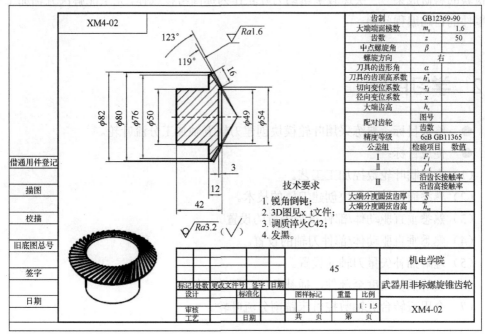

图 3-74　武器用非标螺旋锥齿轮

项目四　叶轮模块创建刀轨五轴加工分流叶轮

4.1　项目背景

浩瀚宇宙中的航天飞机、运载火箭，天上的飞机及各种飞行器，以及巨大的舰船，其中轰鸣的涡轮发动机、汽轮发动机、水轮发动机所使用的螺旋桨、各种风扇，无论是军用的，还是民用的，叶轮都是关键部件。涡轮发动机上使用的整体叶轮的形状异常复杂、刚度极差，堪称机械中最难加工的零件，备受各国工业界的关注。

尽管一般的五轴加工可以解决整体叶轮的制造问题，但由于叶轮叶片严重扭曲、叶片分布间距小，叶片宽而高，为了控制刀轴的复杂变化，其刀轨创建还是比较烦琐的，UG NX 7.5 以后的版本，已有专门的叶轮模块，不仅能大大降低刀轨创建难度，也可应用于其他类似叶轮形状的零件加工，可以用简单的办法来解决复杂问题，是实用价值非常高的软件。本项目将具有大/小叶片的实际整体叶轮按比例变小，难度变大，将教学设计成"以分流叶轮作为项目载体，再模拟设计巩固考核载体"，直接用经多年生产实践检验的科研成果——快速救生艇动力叶轮作为提高考核载体，完全能解决五轴加工复杂零件的自动编程问题。

4.2　学习目标

● 终极目标：熟练采用叶轮模块创建刀轨五轴加工分流叶轮。
● 促成目标：
（1）会编制叶轮数控加工工艺。
（2）熟悉通过叶轮模块创建刀轨的技术。
（3）熟悉垂直驱动体/部件投影矢量的设置。
（4）熟悉垂直驱动体/部件刀轴的设置。
（5）理解插补矢量刀轴的设置。
（6）理解插补角度至部件、插补角度至驱动刀轴。
（7）会用双转台五轴数控机床铣削分流叶轮。

4.3　工学任务

1）零件图样

图 4-1 所示为 XM4-01 分流叶轮。

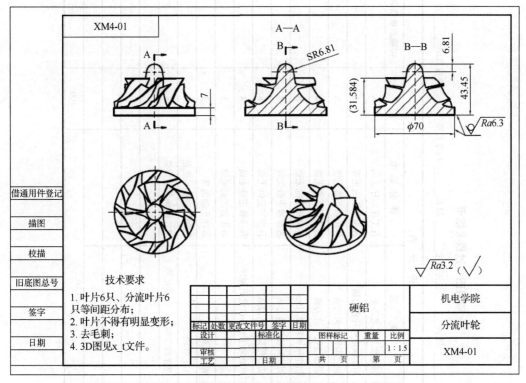

图 4-1　XM4-01 分流叶轮

2）任务

（1）编制加工工艺。

（2）创建刀轨。

（3）后处理。

（4）操作加工。

3）要求

（1）填写"项目四　过程考核卡"的相关信息。

（2）提交电子版、纸质版项目成果报告及"项目四　过程考核卡"。

（3）提交加工的叶轮照片或实物。

项目四 过程考核卡

院部_____ 班级_____ 小组_____ 学号_____ 姓名_____ 互评学生_____ 组长_____ 指导教师_____ 考核日期_____ 年___月___日

考核内容	序号	项 目	评 分 标 准	配分	实操测量结果	得分	整改意见
任务: 数控铣削如图4-1所示的XM4-01分流叶轮 备料: φ70mm×130mm，Ra6.3μm硬铝 备刀: 键槽铣刀φ6mm 球刀φ6mm 球刀φ2mm 球刀φ1mm 并根据具体使用的数控机床组装成相应的刀具组 量具: 游标卡尺0～125±0.02mm	1	制定加工工艺方案	各工序顺序正确无误	8			
	2	3+2轴定向开粗刀轨	各步骤正确无误	8			
	3	创建粗铣轮毂刀轨	各步骤正确无误	8			
	4	创建精铣叶片刀轨	各步骤正确无误	8			
	5	创建精铣轮毂刀轨	各步骤正确无误	8			
	6	创建精铣圆角刀轨	各步骤正确无误	8			
	7	动态模拟确认刀轨	各步骤正确无误	8			
	8	后处理生成NC代码程序	各步骤正确无误	8			
	9	装夹工件	各步骤正确无误	3			
	10	装刀、对刀	程序正确无误	3			
	11	加工叶轮	按图检验加工质量	25			
	12	遵守规章制度、课堂纪律	遵守现场各项规章	5			
	合计			100			

4.4 技术咨询

4.4.1 叶轮加工技术

4.4.1.1 分析结构工艺性能

整体叶轮由叶片（大）、分流叶片（小）、轮毂、叶根圆角和包覆五部分组成，如图 4-2 所示。叶片曲面有直纹面、非直纹面两种，直纹面又有可展开直纹面、非可展开直纹面之分。一定数量的大、小叶片等间距沿圆周方向交错均匀分布，叶片沿曲面形状弯曲，结构复杂，加工易于碰撞干涉，薄而宽的叶片刚度差，叶根圆角半径又限制了选用大直径、高刚度的加工刀具的可能，工艺系统极易产生振动，会严重影响加工质量，因此，叶轮有最难加工的零件之称。对叶根圆角不建模，用球刀决定去半径大小，更易形成理想的刀轨。

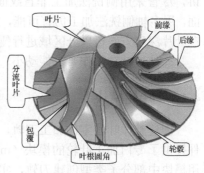

图 4-2 整体叶轮

4.4.1.2 优选加工方法

叶轮种类多，加工方法也不少，可归纳为非数控加工法和数控加工法两类。

1）非数控加工法

数控机床出现之前，只能采用非数控加工法，有了数控机床之后，仍有用这种加工方法的，如蜡模等精密铸造后的修磨打光等，精度低的叶轮类零件经常采用此种方法。可展开直纹面叶片完全可以采用非数控专用机床高效加工。

2）数控加工法

对于非可展开直纹面叶片、自由曲面叶片的整体叶轮，必须使用四轴以上的联动机床加工才能成型，经常采用五轴数控机床联动加工，叶片及轮毂形状自由度分解如图 4-3 所示，在叶片加工刀轨上，从 m 点到 n 点任意段，需要五个自由度合成才能成型。多轴联动、球刀加工可使球头精准铣削曲面，又能随时转动刀轴，避免刀尖挤压，改善切削性能，还能使刀柄安全有效避让碰撞。数控加工法有点铣法、侧铣法两种。

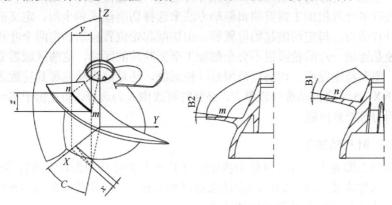

图 4-3 叶片及轮毂形状自由度分解

（1）点铣法。点铣法是球刀按叶片的流线方向走刀逐行加工的方法。自由曲面叶片叶轮和一部分直母线型叶片经常采用点铣法，轮廓吻合度高、精度高、成型能力强、适应性好，但刀具易磨损、加工效率低。

（2）侧铣法。侧铣法是用圆柱或圆锥铣刀的侧刃铣削叶轮叶片，主要用于直母线型叶轮叶片的加工，能显著改善切削性能，改善表面粗糙度、提高加工效率等。从理论上讲，尽管采用侧铣法加工非直纹面有误差，但是对于由直母线沿导线扫掠的非展开曲面，用多轴侧铣法加工仍有可能，为了提高综合加工效能，值得进一步研究应用，至少在叶片深度方向可以分区域进行侧铣加工。

此外，叶轮工作要求振动小、噪声低，要注意对称加工，以及动静平衡。

4.4.2　叶轮模块

创建整体叶轮零件加工刀轨，尽管烦琐且复杂，但有许多共性之处，UG NX 7.5 软件提供了专门加工叶轮的模块（mill_multi_blade），也适用于类似叶轮的零件或灵活选用模块中部分子类型创建刀轨，实用性好、操作简单方便。

进入叶轮模块后，有呈"父子关系"的目录树——工件几何体、多叶片几何体，均需要专门指定。在工件几何体中需要指定部件和毛坯几何体，在多叶片几何体中，需要指定轮毂、包覆、叶片、叶根圆角和分流叶片。这些"指定"均是针对"一个加工阵列"的，对于多个加工阵列，变换工序即可，但叶片间的轮毂多数连在一起，创建两个叶片间的轮毂刀轨，常指一个叶片和一个分流叶片所在的轮毂。

在工件几何体下，可以进行开粗、补加工等。在多叶片几何体下进行"一个"叶片的粗（轮毂）加工、轮毂精加工、叶片精加工、圆角精加工等。优先选用多叶片粗加工、叶片精加工、轮毂精加工、叶根圆角精加工的加工顺序。

叶轮模块的各个子类型，都不需要指定投影矢量，都有自动、插补矢量和侧刃叶片三种刀轴可供选择，侧刃叶片刀轴类似侧刃驱动体刀轴，常选自动刀轴，插补矢量刀轴用得不多，但有更加灵活适用的优势。该模块仅有单向和往复上升两种切削模式选项，以更好地达到叶片流线型设计的要求。

4.4.2.1　多叶片粗加工

多叶片粗加工是分层切削叶片和分流叶片之间、从包覆到轮毂之间的材料的多轴铣削工序。进行多叶片粗加工需要编辑驱动方法来选择切削模式和步距、定义前缘叶片边点和后缘叶片边点、指定切削起始位置等，由切削起始位置自动确定两个叶片间的轮毂范围，即使是连成一片的轮毂也不会全部加工至无叶片的区域，这些区域需要用其他方法补加工。需要特别说明，切削层范围是叶轮后缘，还是前缘从包覆到轮毂之间的材料厚度，UG NX 7.5 常会自动选择较厚者，必要时可改由人为选择，防止由于第一切削层过厚而出现断刀等严重问题。

4.4.2.2　叶片精加工

叶片精加工即对多叶片几何体中指定的叶片或分流叶片曲面轮廓进行多轴精加工，执行该工序同样需要通过编辑驱动方法来选择切削模式、叶片的切削周边部位等。叶片精加工有叶片和分流叶片两种几何体选项。

4.4.2.3　轮毂精加工

轮毂精加工即对轮毂曲面进行单层多轴铣削，设置方法同其粗加工。

4.4.2.4　叶根圆角精加工

叶根圆角精加工即对叶片或分流叶片的叶根圆角进行多轴精加工。叶根圆角精加工的设置方法类似叶片，但设置参数较多。若恒定半径叶根圆角不建模，则在加工叶片和轮毂时用成型刀具自然成型，刀轨会更加光顺。叶根圆角也有叶片的叶根圆角、分流叶片的叶根圆角两个几何体选项。

4.4.2.5　插补矢量刀轴

叶轮模块有自动、插补矢量和侧刃叶片三个刀轴选项，常选自动刀轴。插补矢量刀轴通过定义矢量来控制极端变化点处的刀轴降低幅度，它无须构建额外的刀轴控制几何体就可控制刀轴的变化程度，还可用于调整刀轴来避免悬垂刀尖切削或其他干涉，如图 4-4 所示。

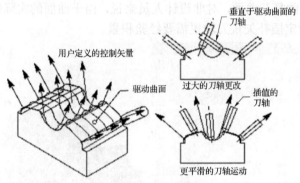

图 4-4　插补矢量刀轴

插补矢量对话框如图 4-5 所示，可以修改默认列表中的 IJK 插值或添加新集，指定驱动几何体位置处的多个矢量，从而创建更为光顺的刀轴运动，当然，修改准确的插值需要经验积淀。插补矢量刀轴选项仅在可变轮廓铣中的曲线驱动方法、曲面驱动方法和叶轮模块中可用。

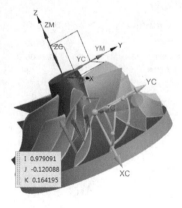

图 4-5　插补矢量对话框

有线性、三次样条、光顺三种插值方法供选用。

（1）线性插值方法。线性插值方法使用驱动点间固定的变化率来插补刀轴。线性插补的刀轴的光顺性较差，但执行速度较快。

（2）三次样条插值方法。三次样条插值方法使用驱动点间可变的变化率来插补刀轴。与"线性"选项相比，此选项可在全部定义的数据点上生成更为光顺的刀轴。三次样条插值方法形成中等光顺性的刀轴，其执行速度也为中等。

（3）光顺插值方法。该方式可以更好地控制生成的刀轴矢量。它强调位于驱动曲面边缘的所有矢量的调整。这将减小对任何内部矢量的影响。当需要完全控制驱动曲面时（基于所定义的矢量），此选项将尤其有用。采用光顺插值方法形成的刀轴的光顺性非常高，但执行速度稍慢。

4.4.2.6　插补角度至部件刀轴和插补角度至驱动刀轴

插补角度至部件刀轴和插补角度至驱动刀轴分别针对部件和驱动几何体，通过指定前倾角、侧倾角的办法来控制指定点的刀轴，两种刀轴的设置对话框相同，如图 4-6 所示。诸如叶片这样的复杂曲面，对非设计人员来说，由于曲面的实际情况未知，指定前倾角、侧倾角比指定插补矢量刀轴更需要经验积累。

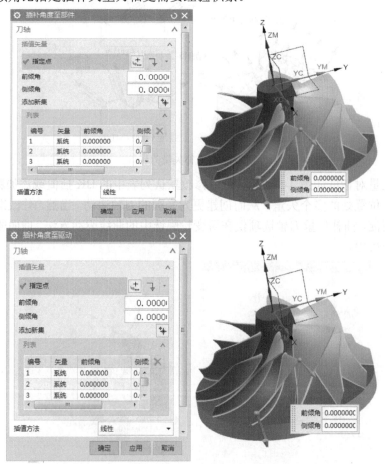

图 4-6　插补角度至部件刀轴和插补角度至驱动刀轴

4.4.3　几种通用刀轴

4.4.3.1　垂直于部件刀轴

垂直于部件刀轴用部件表面的法向矢量作为刀轴矢量，即刀具与部件的任何接触点处的刀轴都垂直于部件表面，如图 4-7 所示。选择垂直于部件刀轴时，就不能选用刀轴投影矢量，需要选择其他类型的投影矢量，否则系统会报警。垂直于部件刀轴的刀尖点的切削性能差。垂直于部件刀轴没有其他参数设置，也没有设置对话框。

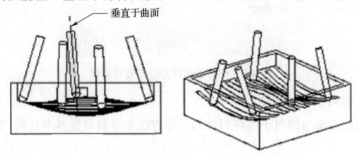

图 4-7　垂直于部件刀轴

4.4.3.2　垂直于驱动刀轴

垂直于驱动刀轴定义垂直于驱动曲面的可变刀轴，即刀轴矢量在每一个接触点处垂直于驱动曲面。由于此选项需要用到一个驱动曲面，因此它只在使用了曲面驱动方法后才可用。垂直于驱动刀轴可用于在非常复杂的部件表面上控制刀轴的运动，如图 4-8 所示。

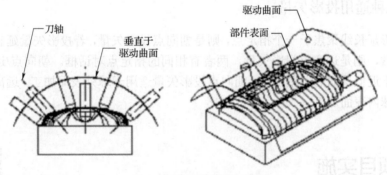

图 4-8　垂直于驱动刀轴

驱动曲面可以是部件表面，也可以新建。刀轴沿着新建的驱动曲面轮廓进行加工，往复运动更为光顺。当未定义部件表面时，可以直接加工驱动曲面。

与垂直于部件刀轴一样，垂直于驱动刀轴也没有设置对话框。

4.4.3.3　相对于部件刀轴

相对于部件刀轴基于垂直于部件刀轴的工作方法,它相对部件表面增加了前倾角和侧倾角，并可以对它们的最大值、最小值进行限制，如图 4-9 所示，以定义刀具偏离前倾角或侧倾角的程度。相对于部件刀轴比垂直于部件刀轴能更好地避让干涉和改善切削性能。

图 4-9　相对于部件刀轴设置对话框

4.4.3.4　相对于驱动刀轴

相对于驱动刀轴与相对于部件刀轴的工作方法和参数设置基本相同,唯一的区别是参照驱动体。

4.4.3.5　朝向点/远离点刀轴

若刀轴延长线聚焦于一个指定点,则是朝向点刀轴;若刀轴延长线从一个指定点发散,则是远离点刀轴,两者有相同的指定点设置对话框。朝向点/远离点刀轴适用于近似球面的五轴加工。朝向点刀轴适用于球内表面加工,远离点刀轴适用于球外表面加工。

4.4.4　几种通用投影矢量

若投影延长线聚焦于一个指定点,则是朝向点投影矢量,若投影矢量延长线从一个指定点发散,则是远离点投影矢量,两者有相同的指定点对话框。朝向点/远离点投影矢量适用于近似球面的五轴加工。朝向点投影矢量适用于球外表面加工,远离点投影矢量适用于球内表面加工。

4.5　项目实施

35 分流叶轮-
加工刀路介绍

4.5.1　制定叶轮加工方案

1. 分析零件图样及模型

分析图 4-1 可知,工件的最大外形尺寸为 ϕ70mm×43.45mm;有 6 个相同的严重扭曲的大、小叶片等间距沿圆周均布,前缘叶片的最大高度为 17.9mm,后缘叶片的最大高度为 6.5mm,叶片厚度为 0.3~1mm,叶根圆角半径为 0.4mm,大、小叶片包覆相同。尚不清楚叶片的形成原理,采用硬铝材料,加工 1 件。

2．拟定加工编程方案

按自由曲面、点铣法加工，叶片薄而宽，小背吃刀量，高速切削。三爪卡盘夹持后缘大圆柱，一次装夹完成全部加工。由于是圆柱毛坯，用 φ6mm 的 2 刃钨钢键槽铣刀进行 3+2 轴定向型腔铣开粗，用 φ3mm 的 3 刃钨钢球刀五轴粗铣轮毂达 Ra6.3，用 φ6mm 的 3 刃钨钢球刀精铣小球达 Ra3.2，用 φ6mm 的 2 刃钨钢键槽铣刀精铣前缘小头圆锥柱面达 Ra3.2，用 φ6mm 的 3 刃钨钢球刀多轴加工包覆达 Ra3.2，用 φ3mm 的 3 刃钨钢球刀五轴精铣叶片、轮毂，用 φ1mm 的 3 刃钨钢球刀精加工叶根圆角。拟定加工方案，如表 4-1 所示。

表 4-1　加工方案

步　号	工 步 内 容	刀　具	切削速度 m/min	主轴转速 rpm	进给量 mm/z	进给速度 mm/min	层厚 mm
1	3+2 轴定向型腔铣开粗，留余量 0.5mm	φ6mm 钨钢键槽铣刀，2 刃	150	8000	0.05	800	1
2	粗铣轮毂达 Ra6.3，包覆余量、叶片余量、轮毂余量 0.5mm	φ3mm 钨钢球刀，3 刃	113	18000	0.0277	1500	步距 40%、层距 30%
3	小球精加工达 Ra3.2	φ6mm 钨钢球刀，3 刃	150	8000	0.0335	800	螺旋、残余高度 0.005
4	前缘小圆锥柱面精加工达 Ra3.2	φ6mm 钨钢键槽铣刀，2 刃	150	8000	0.0375	600	0.5
5	包覆精加工，Ra3.2	φ6mm 钨钢球刀，3 刃	150	8000	0.0335	800	流线、往复、数量 5
6	叶片精加工	φ3mm 钨钢球刀，3 刃	113	18000	0.0278	1500	层距 30%
7	轮毂精加工	同上	同上	同上	同上	同上	同上
8	叶根圆角精加工	φ1mm 钨钢球刀，3 刃	62	20000	0.0168	1000	步距 40%

注：为了加快速度，对于步距、层距，实际加工均取 80%。

4.5.2　准备工作

1．导入叶轮文件

进入建模模块，【文件】→【导入】→【Parasolid】→查找"叶轮.x_t"文件→【OK】，导入叶轮文件。

36 分流叶轮-创建刀路基本设置

2．进入叶轮模块

【开始】→【加工】→【CAM 会话配置】cam_general→【要创建的 CAM 设置】mill_multi_blade→【确定】，进入叶轮模块。

3．建立工件坐标系

双击工序导航器中的【MCS】→【指定 MCS】→拖拽坐标系 XM-YM-ZM 原点大球到工件小头圆柱顶面中心→再向上移动到半球顶点（球半径 6.81）→【用途】主要→

【夹具偏置】1→【安全设置选项】自动平面→【安全距离】3→【确定】，坐标系如图4-10所示。XM轴对准一个叶片，用作选择"一个"叶片的标记。

【格式】→【WCS】→【定向】→拖拽坐标系XC-YC-ZC大球到工件小头圆柱顶面中心→再向上移动到半球顶点（球半径6.81），与XM-YM-ZM重合→【Esc】。

4. 创建工件几何体

【MCS】→【+WORKPIECE】→【指定几何】→【选择对象】→【模型】→【确定】→【指定毛坯】→【几何体】→【包容圆柱体】→【确定】→【确定】。工件几何体如图4-11所示。

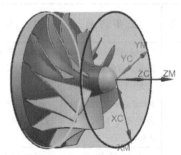

图4-10　坐标系　　　　　　　　　图4-11　工件几何体

5. 创建叶片几何体

选靠近+XM向的一个分流叶片。【WORKPIECE】→【MULTI_BLADE_GEOM】→【指定轮毂】选叶轮毂→【确定】→【指定包覆】选包覆→【确定】→【指定叶片】选叶片→【确定】→【指定叶根圆角】选叶根圆角→【确定】→【指定分流叶片】→【选择壁面(2)】选分流叶片壁面→【选择圆角面(2)】选分流叶片圆角→【确定】→【叶片总数】6→【确定】，叶片几何体设置如图4-12所示。

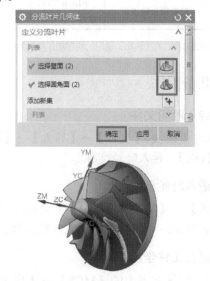

图4-12　叶片几何体设置

6. 创建刀具

创建三把刀具，工序导航器→【机床视图】→【创建刀具】→【类型】mill_multi_blade→【刀具子类型】MILL_...或 BALL_MILL_...，对 SIEMENS 系统，补偿寄存器都优先使用 1 号，可得：

MILL_D6R0_Z2_T1D1，2 个刀刃；

BALL_MILL_D2R1_Z3_T2D1，3 个刀刃，锥度 2°；

BALL_MILL_D1R0.5_Z3_T3D1，3 个刀刃，锥度 2°。

37 分流叶轮-
外形开粗

4.5.3　创建工序

1. 3+2 定位型腔铣开粗

（1）创建工序及切削层设置。

【创建工序】→【类型】mill_contour→【工序子类型】CAVITY_MILL→【刀具】MILL_D6R0_Z2_T1D1→【几何体】WORKPIECE→【方法】MILL_ROUGH→【名称】CAVITY_MILL_T1D1_定向开粗→【确定】→【最大距离】1→【切削层】→【确定】，设置型腔铣切削层如图 4-13 所示。

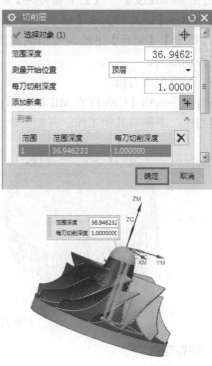

图 4-13　设置型腔铣切削层

（2）设置切削参数。

【切削参数】→【余量】1→【确定】。

（3）设置非切削移动。

【非切削移动】→【进刀】→【封闭区域】→【进刀类型】与开放区域相同→【开

放区域】→【进刀类型】线性→【退刀】→【退刀类型】与进刀相同→【转移/快速】→
【安全设置选项】使用继承的→【确定】，如图 4-14 所示。

图 4-14　非切削移动设置

（4）设置进给率和速度。

【进给率和速度】→【☑主轴转速】8000→【计算器】→【显示表面速度】150→
【切削】800→【计算器】→【显示每齿进给率】0.05→【更多】→【进刀】50%→【确
定】→【确定】。【逼近】进给速度由快速改为 100%切削，能防止个别地方快速移动时
切削工件而断刀。

（5）平行生成刀轨。

右击工序名称【CAVITY_MILL_T1D1_定向开粗】→【平行生成】。这样即可在后
台生成刀轨，不影响其他工作。开粗刀轨及动态模拟结果如图 4-15 所示。

图 4-15　开粗刀轨及动态模拟结果

2. 粗铣轮毂

（1）创建工序。

【创建工序】→【类型】mill_ multi_blade→【工序子类型】
MULTI_BLADE_ROUGH→【刀具】BALL_MILL_D4R2_Z3_T2D1→【几
何体】MULTI_BLADE_GEOM→【方法】MILL_ROUGH→【名称】
MULTI_BLADE_ROUGH_T2D1_粗轮毂→【确定】，如图 4-16 所示。

38 分流叶轮-
颈部精加工

39 分流叶轮-
轮毂二次开粗

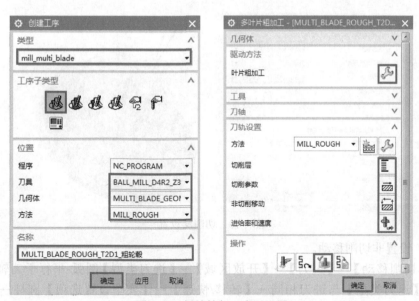

图 4-16　粗铣轮毂工序及设置

（2）设置驱动。

【叶片粗加工驱动方法】→编辑扳手→按图 4-17 设置→【确定】。从后缘开始加工，利于刀轨连续，但要注意避让。

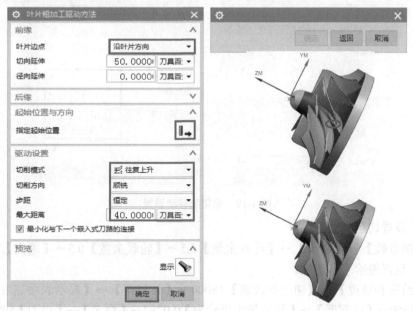

图 4-17　叶片粗加工驱动方法对话框

（3）设置切削层。

【切削层】→【深度模式】从包覆插补至轮毂→【每刀切削深度】恒定→【距离】80%→按图 4-18 设置→【确定】。

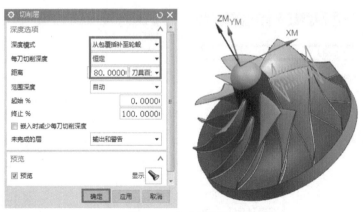

图 4-18　切削层设置

（4）设置非切削移动。

【非切削移动】→【进刀】→【开放区域】→【进刀类型】圆弧-平行于刀轴→【退刀】→【退刀类型】与进刀相同→【转移/快速】→【安全设置选项】圆柱→【指定点】叶轮轴向任意圆心→【指定矢量】ZC 方位→【半径】50→【确定】→【确定】，如图 4-19 所示。

图 4-19　非切削移动设置

（5）设置切削参数。

【切削参数】→【余量】→【叶片余量】0.5→【轮毂余量】0.5→【确定】。

（6）设置进给率和速度。

【进给率和速度】→【☑主轴转速】18000→【计算器】→【显示表面速度】113→【切削】1500→【计算器】→【显示每齿进给率】0.0277→【更多】→【进刀】50%→【确定】→【确定】。

（7）平行生成刀轨阵列与阵列变换。

右击工序名称【MULTI_BLADE_ROUGH_T2D1_粗轮毂】→【平行生成】。右击工序名称【MULTI_BLADE_ROUGH_T2D1_粗轮毂】→【对象】→【变换】。阵列刀轨如图 4-20 所示。

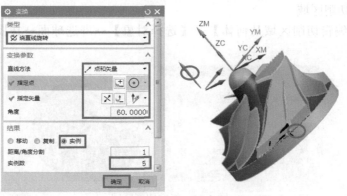

图 4-20　阵列刀轨

（8）刀轨及动态模拟。

刀轨及动态模拟结果如图 4-21 所示。

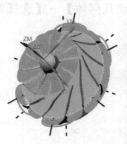

图 4-21　刀轨及动态模拟结果

3．精铣小球

1）创建工序

【创建工序】→【类型】mill_multi_axis→【工序子类型】VARIABLE_CONTOUR→【刀具】BALL_MILL_D6R3_Z3_T3D1→【几何体】WORKPIECE→【方法】MILL_FINISH→【名称】VARIABLE_CONTOUR_D6R3_T3D1_精小球→【确定】，如图 4-22 所示。

图 4-22　精铣小球创建工序及其对话框设置

2）指定切削区域

【选择或编辑切削区域几何体】→【选择对象】→屏选球面→按图 4-23 设置→【确定】。

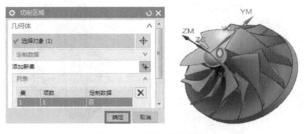

图 4-23　指定切削区域

3）设置驱动

（1）指定驱动几何体。

【驱动方法】→【方法】曲面→编辑扳手→【指定驱动几何体】→【选择对象】屏选球面→【确定】，如图 4-24 所示。

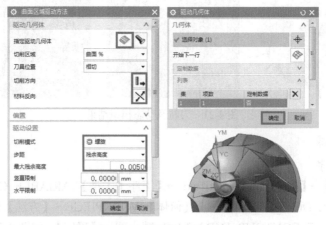

图 4-24　指定驱动几何体

（2）指定切削方向和材料方向。

【切削方向】→屏选圆圈圈起来的箭头，如图 4-25（a）所示；【材料方向】的箭头如图 4-25（b）所示。

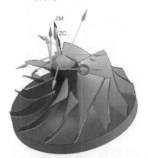

（a）指定切削方向

（b）指定材料方向

图 4-25　指定切削方向和材料方向

（3）设置驱动。

【切削模式】螺旋→【步距】残余高度→【最大残余高度】0.005→【确定】。

4）指定投影矢量

【投影矢量】→【矢量】朝向点→【指定点】选球心，如图 4-26 所示→【确定】。

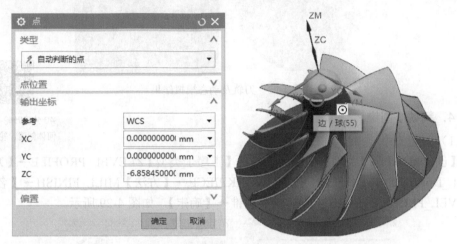

图 4-26　指定投影矢量

5）指定刀轴

【刀轴】→【轴】远离点→【指定点】选球心→【确定】。

6）设置非切削移动

【非切削移动】→【进刀】→【开放区域】→【进刀类型】圆弧-平行于刀轴→【退刀】→【退刀类型】与进刀相同→【确定】，如图 4-27 所示。

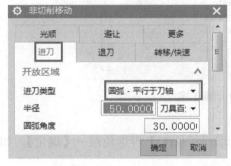
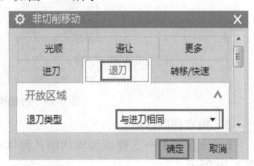

图 4-27　非切削移动设置

7）设置进给率和速度

【进给率和速度】→【☑主轴转速】8000→【计算器】→【显示表面速度】150→【切削】800→【计算器】→【显示每齿进给率】0.0333→【确定】→【确定】。

8）平行生成刀轨并动态模拟

右击工序名称"VARIABLE_CONTOUR_D6R3_T3D1_精小球"→【平行生成】→【确定】，如图 4-28 所示。

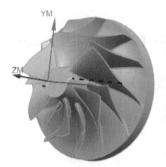

图 4-28　刀轨及动态模拟结果

40 分流叶轮-叶轮几
何体创建、轮毂开粗

4．精铣小圆锥

1）创建工序

【创建工序】→【类型】mill_contour→【工序子类型】ZLEVEL_PROFILE→【刀具】
MILL_D6R0_Z2_T1D1→【几何体】WORKPIECE→【方法】MILL_FINISH→【名称】
ZLEVEL_PROFILE_D6R0_T1D1_精小圆锥→【确定】，如图 4-29 所示。

图 4-29　创建精铣小圆锥工序

2）指定切削区域

【切削区域】→选择或编辑切削几何体→【选择对象(1)】屏选轮毂→【确定】，如
图 4-30 所示。

图 4-30　指定切削区域

3）设置刀轨

（1）设置切削深度。【公共每刀切削深度】恒定→【最大距离】0.5。

（2）设置切削层。【切削层】→【范围 1 的顶部】→【ZC】-6.81→【范围深度】5→【确定】，如图 4-31 所示。

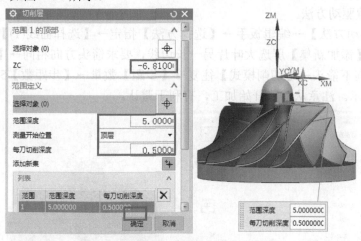

图 4-31　设置切削层

4）设置非切削移动

【非切削移动】→【进刀】→【封闭区域】→【进刀类型】与开放区域相同→【进刀类型】圆弧-垂直于刀轴→【退刀】→【退刀类型】与进刀相同→【转移/快速】→【安全设置选项】使用继承的→【确定】。

5）设置进给率和速度

【进给率和速度】→【☑主轴转速】8000→【计算器】→【显示表面速度】150→【切削】800→【计算器】→【显示每齿进给率】0.05→【更多】→【进刀】50%→【确定】→【确定】。精铣小圆锥刀轨如图 4-32 所示。

图 4-32　精铣小圆锥刀轨

41 分流叶轮-
叶片精铣

5. 包覆精加工

1）精铣大包覆

（1）创建工序。

【创建工序】→【类型】mill_multi_axis→【工序子类型】VARIABLE_CONTOUR→

【刀具】BALL_MILL_D6R3_Z3_T3D1→【几何体】WORKPIECE→【方法】MILL_FINISH→【名称】VARIABLE_CONTOUR_D6R3_T3D1_精大包覆→【确定】。

（2）指定切削区域。

【指定切削区域】选大包覆→【确定】。

（3）设置驱动方法。

【流线驱动方法】→编辑扳手→【选择方法】指定→【选择曲线(1)】屏选大叶片一长边线→【添加新集】屏选大叶片另一长边线，要求箭头方向相同→【指定切削方向】选图示向下箭头→【切削模式】往复→【步距】数量→【步距数】5→【确定】，如图 4-33 所示。注意从前缘开始加工，有利于避让。

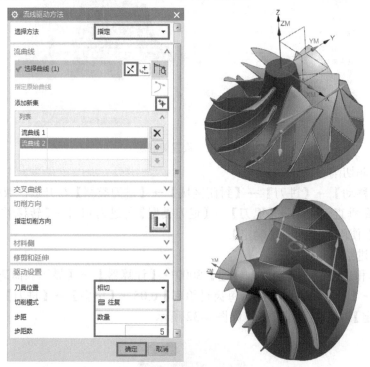

图 4-33　流线驱动方法的设置

（4）设置非切削移动。

【非切削移动】→【进刀】→【开放区域】→【进刀类型】圆弧-平行于刀轴→【退刀】→【退刀类型】与进刀相同→【转移/快速】→【安全设置选项】圆柱→【半径】36→选择圆柱轴向与工件轴线重合→【确定】→【确定】。

（5）设置进给率和速度。

【进给率和速度】→【☑主轴转速】8000→【计算器】→【显示表面速度】150→【切削】800→【计算器】→【显示每齿进给率】0.033→【更多】→【进刀】50%→【确定】→【确定】。

（6）生成刀轨。

大包覆刀轨如图 4-34 所示。

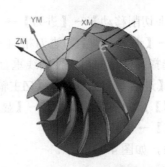

图 4-34　大包覆刀轨

2）精铣小包覆

精铣小包覆的方法与精铣大包覆相同，名称为"VARIABLE_CONTOUR_D6R3_T3D1_精小包覆"。

3）阵列包覆

同时绕轴圆周阵列精铣大、小包覆，得 5 组变换实例。

42 分流叶轮-
叶根圆角精铣

6. 精铣叶片

1）精铣大叶片

（1）创建工序。【创建工序】→【类型】mill_multi_blade→【工序子类型】BLADE_FINISH→【刀具】BALL_MILL_D3R1.5_Z3_T2D1→【几何体】MULTI_BLADE_GEOM→【方法】MILL_FINISH→【名称】BLADE_FINISH_D3R1.5_T2D1_精大叶片→【确定】，如图 4-35 所示。

图 4-35　精铣大叶片工序及对话框设置

（2）设置驱动方法。【叶片精加工驱动方法】→编辑扳手→按图 4-36 设置→【确定】。

（3）设置切削层。【切削层】→【深度模式】从包覆插补至轮毂→【每刀切削深度】恒定→【距离】80%→按图 4-37 设置→【确定】。切削层显示在前缘，如图 4-38 所示。

（4）设置非切削移动。【非切削移动】→【进刀】→【开放区域】→【进刀类型】圆弧-平行于刀轴→【退刀】→【退刀类型】与进刀相同→【转移/快速】→【安全设置选项】圆柱→【半径】36→选择圆柱轴向与工件轴线重合→【确定】→【确定】。

（5）设置进给率和速度。【进给率和速度】→【☑主轴转速】18000→【计算器】→【显示表面速度】113→【切削】1500→【计算器】→【显示每齿进给率】0.0278→【更多】→【进刀】50%→【确定】→【确定】。

（6）生成精铣大叶片刀轨，如图4-39所示。

图 4-36　精铣大叶片驱动方法设置

图 4-37　精铣大叶片切削层设置

图 4-38　切削层

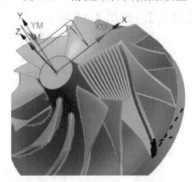

图 4-39　精铣大叶片刀轨

2）精铣小叶片

复制、粘贴"精铣大叶片工序 BLADE_FINISH_D3R1.5_T2D1_精大叶片"，将名称修改为"BLADE_FINISH_D3R1.5_T2D1_精小叶片"并双击→将叶片精加工驱动方法对框中的【要精加工的几何体】选择为分流叶片1→【确定】，会生成如图4-40所示的精铣小叶片刀轨。

43 分流叶轮-分流叶片及圆角精铣

3）阵列精铣叶片刀轨

同时阵列"BLADE_FINISH_D3R1.5_T2D1_精大叶片""BLADE_FINISH_D3R1.5_T2D1_精小叶片"工序，如图4-41所示。

图 4-40　精铣小叶片刀轨　　　　　图 4-41　同时阵列精铣大叶片和精铣小叶片刀轨

7．精铣轮毂

（1）创建工序。

【创建工序】→【类型】mill_multi_blade→【工序子类型】HUB_FINISH→【刀具】
BALL_MILL_D3R1.5_Z3_T2D1 → 【 几 何 体 】 MULTI_BLADE_GEOM → 【 方 法 】
MILL_FINISH→【名称】HUB_FINISH_D3R1.5_T2D1_精轮毂→【确定】，如图 4-42 所示。

图 4-42　精铣轮毂工序及对话框的设置

（2）设置驱动方法。

【轮毂精加工驱动方法】→编辑扳手→按图 4-43 设置→【确定】。

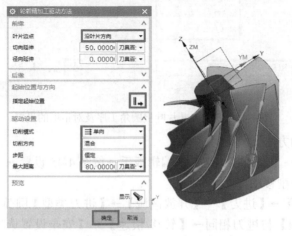

图 4-43　精铣轮毂驱动的设置

（3）设置非切削移动。

【非切削移动】→【进刀】→【开放区域】→【进刀类型】圆弧-平行于刀轴→【退刀】→【退刀类型】与进刀相同→【转移/快速】→【安全设置选项】圆柱→【半径】36→选择圆柱轴向与工件轴线重合→【确定】→【确定】。

（4）设置进给率和速度。

【进给率和速度】→【☑主轴转速】18000→【计算器】→【显示表面速度】113→【切削】1500→【计算器】→【显示每齿进给率】0.0278→【更多】→【进刀】50%→【确定】→【确定】。

（5）阵列刀轨。

【实例】→【绕轴变换】圆周阵列 5 个"HUB_FINISH_D3R1.5_T2D1_精轮毂"工序刀轨。

8. 精铣叶根圆角

1）精铣大叶片叶根圆角

（1）创建工序。

44 分流叶轮-叶片包覆精铣

【创建工序】→【类型】mill_multi_blade→【工序子类型】BLEND_FINISH→【刀具】BALL_MILL_D1R0.5_Z3_T4D1→【几何体】MULTI_BLADE_GEOM→【方法】MILL_FINISH→【名称】BLEND_FINISH_D1R0.5_T4D1_精圆角→【确定】，如图 4-44 所示。

图 4-44　精铣大叶片叶根圆角工序及对话框的设置

（2）设置驱动方法。

【驱动方法】→【圆角精加工】→编辑扳手→按图 4-45 设置→【确定】。

（3）设置非切削移动。

【非切削移动】→【进刀】→【开放区域】→【进刀类型】圆弧-平行于刀轴→【退刀】→【退刀类型】与进刀相同→【转移/快速】→【安全设置选项】圆柱→【半径】50→选择圆柱轴向与工件轴线重合→【确定】→【确定】。

（4）设置进给率和速度。

【进给率和速度】→【☑主轴转速】20000→【计算器】→【显示表面速度】62→【切削】1000→【计算器】→【显示每齿进给率】0.0168→【更多】→【确定】→【确定】。

2）精铣小叶片叶根圆角

复制、粘贴精铣大叶片叶根圆角工序名称"BLEND_FINISH_D1R0.5_T4D1_精圆角"，改为"BLEND_FINISH_D1R0.5_T4D1_精小圆角"，作为小叶片叶根圆角精加工工序。双击该名称，精铣小叶片叶根圆角驱动设置如图 4-46 所示。在生成大、小叶片叶根圆角刀轨时会发生报警，如图 4-47 所示，因为本例采用的刀具实在太小，所以此处不再修改，对刀轨的影响不大，单击【确定】即可。

图 4-45　精铣大叶片叶根圆角驱动设置　　图 4-46　精铣小叶片叶根圆角驱动设置

图 4-47　由刀具引起的侧倾安全角不合适报警

3）阵列刀轨

同时阵列大、小叶片叶根圆角刀轨"BLEND_FINISH_D1R0.5_T4D1_精圆角"和"HUB_FINISH_D1R0.5_T4D1_精小圆角"，大、小叶片叶根圆角刀轨如图 4-48 所示。

45 分流叶轮-
刀路阵列

9. 整体叶轮刀轨及动态模拟

整体叶轮刀轨及动态模拟结果如图 4-49 所示。

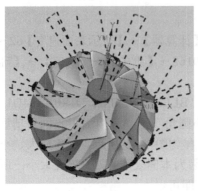

图 4-48 大、小叶片叶根圆角刀轨

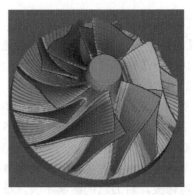

图 4-49 整体叶轮刀轨及动态模拟结果

4.5.4 操作加工

1. 后处理

46 分流叶轮-
刀路后处理

根据双转台 AC 五轴机床、具有 RPCP 功能的 S840D 数控系统、顺序换刀、不用圆弧输出的要求，创建后处理器 5TT_AC_S840D_seq_FZ_G01，处理 NC PROGRAM 程序组，得 5TT_AC_S840D 分流叶轮_数 3 程序（大叶片）：

```
N1 ;
N2 ;TOOL NAME : BALL_MILL_D3R1.5_Z2_T2D1
N3 ;TOOL LENGTH    : 75.000000
N4 TRAFOOF
N5 G74 Z1=0
N6 T2 D1
N7 M11 M81
N8 G54 A0 C0
N9 S15000 M3
N10 M08
N11 G0 X0 Y0
N12 FGROUP(X,Y,Z,A,C)
N13 G64
N14 TRAORI
N15 G0 G90 X21.45333 Y-45.16364 Z-15.16436 A-59.0288 C217.5025 S15000 M3
N16 X11.52594 Y-32.22716 Z-24.95122 A-59.0288 C217.5025
N17 G17 G94 G1 X11.74135 Y-31.90322 Z-24.90654 F1200.
N18 X11.92568 Y-31.58813 Z-24.76487
N19 X11.91273 Y-31.44858 Z-24.7229 A-58.9866 C217.4733
……
N4267 X12.72733 Y-32.6367 Z-29.63865
N4268 G0 X32.70969 Y-37.81635 Z-13.60926 A-52.1702 C255.4681 S15000 M3
N4269 TRAFOOF
N4270 G1 Z200 F3000
N4271 FGROUP()
N4272 G74 Z1=0
```

```
N4273 M9 M5
N4274 G0 A0 C0
N4275 M10 M80
……
```

上述程序中每个工步的程序头尾有一定含义，中间是五轴联动加工相关内容。

2．宇龙软件仿真加工

宇龙软件仿真加工结果如图 4-50 所示。

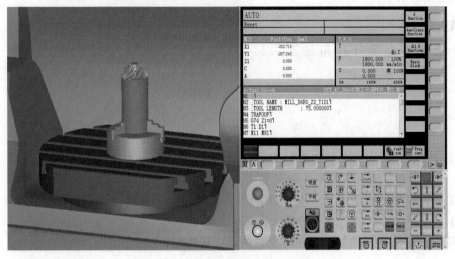

图 4-50　宇龙软件仿真加工结果

3．VERICUT 软件仿真加工

VERICUT 软件仿真加工结果如图 4-51 所示。

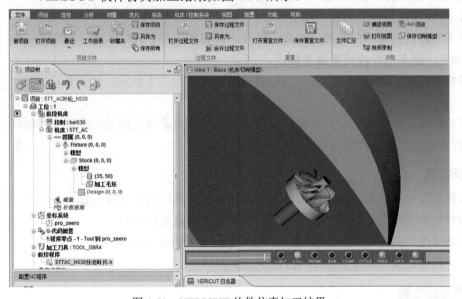

图 4-51　VERICUT 软件仿真加工结果

47 分流叶轮-宇龙仿真-选机床安装工件

48 分流叶轮-宇龙仿真-装刀、列表操作

49 分流叶轮-宇龙仿真-对刀

50 分流叶轮-宇龙仿真-导入程序、铣外形

51 分流叶轮-宇龙仿真-叶轮模块轮毂开粗

52 分流叶轮-宇龙仿真-精铣叶片

53 分流叶轮-宇龙仿真-包覆、轮毂精铣

4.6 考核与提高

通过做题验证、考核、提高，按 100 分计。填空题、判断题、问答题分别占 10%的分值；综合模拟题占 30%的分值，需要按图样要求模拟加工或在线加工、测量，并自制项目过程考核卡记录检验结果，巩固、验证基本岗位工作能力；快速救生艇整体叶轮是企业产品优化题，占 40%的分值，需要模拟加工并参照项目实施方法书写项目成果报告，提高从业技术水平。

一、填空题

1）叶轮模块有多叶片粗加工、（　　　　　　）、（　　　　　　　　）和（　　　　　　　　　　　　　　　）四大子类型，该模块中不包含（　　　　　　　　　　　　　　）的加工。

2）优先选用（　　　　）、（　　　　）、（　　　　　）、（　　　　　　）的加工顺序。

3）叶轮模块的侧刃叶片刀轴实际上就是（　　　　　　），自动刀轴用得较多，（　　　　　　）刀轴用得不多，不需要（　　　　　　　　　　　　　）矢量。

4）加工叶轮模块适用于（　　　　　）的刀轨创建，也适用于无分流叶片、类似多叶片叶轮的（　　　　　　　　　　　　　）零件。

5）叶轮模块中的粗、精加工是相对来说的，真正的粗、精加工由（　　　　　）来区分。

二、判断题

1）侧铣法是指用圆柱或圆锥铣刀的侧刃铣削叶轮叶片，主要用于直母线型叶片叶轮的加工，直纹面就是典型的直母线型零件。　　　　　　　　　　　　（　　　）

2）对于叶轮几何体中的轮毂、包覆、叶片、叶根圆角和分流叶片等，指定相应的其中一个即可，而多个叶片设置数量就行。　　　　　　　　　　　（　　　）

3）多叶片粗加工就是轮毂粗加工，轮毂只有一个，加工不到头，常需要补加工。
　　　　　　　　　　　　　　　　　　　　　　　　　　　　　　　（　　　）

4）叶片精加工是指对多叶片几何体中指定的叶片或分流叶片曲面轮廓进行多轴精加工。叶片精加工有叶片和分流叶片两个几何体选项。　　　　　　　（　　　）

三、问答题

1）如何设置插补矢量刀轴？在哪些加工方式中才能选用插补矢量刀轴？

2）插补矢量刀轴有哪三种插值方法？它们各自的特点是什么？

3）插补角度至部件/驱动刀轴与插补矢量刀轴的设置方法有何不同？

4）需要具体设置垂直于部件/驱动刀轴对话框吗？

四、模拟综合题

完成如图 4-52 所示的推进轮的工艺编制、刀轨创建及加工。

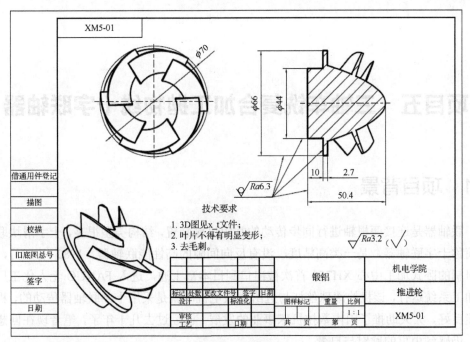

图 4-52　推进轮

五、企业产品优化题

快速救生艇整体叶轮如图 4-53 所示，实心毛坯，夹具自制，请编制相应的加工工序，并进行刀轨创建及加工。

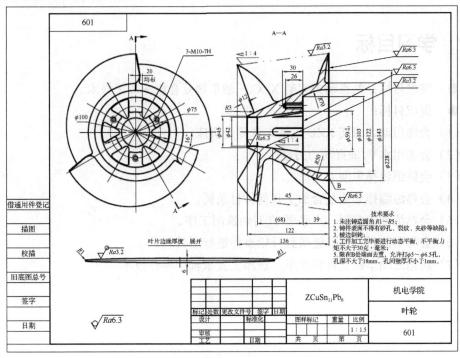

图 4-53　快速救生艇整体叶轮

项目五　三轴车铣复合加工抛物线十字联轴器

5.1　项目背景

　　联轴器是连接两根轴进行同步传动的常用机械装置，结构类型很多，十字滑块联轴器简称十字联轴器，是一类高精度、没有反向间隙的高性能联轴器。1982 年 8 月，我国研制的卧式加工中心 XH754 首次被出口到日本富士通，进入 FANUC 无人化工厂柔性加工系统运行，该机的滚珠丝杠与进给伺服电机间就是采用十字联轴器传动的，机床性能良好，大大助推了国内数控机床事业的发展。已经过去几十年了，笔者现在回想起来，仍感到由衷的欣慰与自豪。

　　十字联轴器由三个主要零件组成，每个零件都需要经过车、铣等工序加工而成，取任意一个零件进行教学设计，加入车削二次曲线、车削槽、车削螺纹、立卧主轴五面铣削等教学内容，都是很好的项目载体。

5.2　学习目标

- ● 终极目标：熟悉动力刀架 XZC 三轴车铣复合机床加工技术。
- ● 促成目标：
- （1）会选用动力刀架 XZC 三轴车铣复合机床。
- （2）会选用水平/垂直动力刀座。
- （3）会熟练选择车削刀具。
- （4）会熟练编排车铣复合加工几何体目录树。
- （5）会熟练创建车削、水平/垂直刀轴铣削工序。
- （6）会将不同后处理器链接到开始事件进行后处理。
- （7）熟悉三轴车铣复合机床车、铣加工复杂轴类零件技术。

5.3　工学任务

1）零件图样

图 5-1 所示为 XM5-01 抛物线十字联轴器。

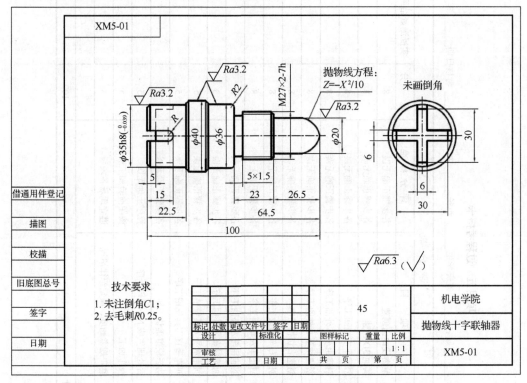

图 5-1　XM5-01 抛物线十字联轴器

2）任务

（1）编制加工工艺。

（2）创建车铣复合加工刀轨。

（3）后处理输出车铣复合加工程序。

（4）操作加工或仿真加工。

3）要求

（1）填写"项目五　过程考核卡"的相关信息。

（2）提交电子版、纸质版项目成果报告及"项目五　过程考核卡"。

（3）提交加工的抛物线十字联轴器照片或实物。

项目五 过程考核卡

院部_____ 班级_____ 小组_____ 学号_____ 姓名_____ 互评学生_____ 组长_____ 指导教师_____ 考核日期_____年__月__日

考核内容:

任务:
数控铣削如图图 5-1 所示的 XM5-01 抛物线十字联轴器

备料:
φ42mm×105mm，$Ra6.3\mu m$ 锻铝

备刀:
95°外圆车刀
2mm 宽外槽车刀
普通外螺纹车刀，M27×2
键槽铣刀 φ6mm，2 把
根据具体使用的数控机床组装相应的刀具组

量具:
游标卡尺 0～125±0.02mm
螺母 M27×2
千分尺 0～50±0.001mm

评分表

序号	项目	评分标准	配分	实操测量结果	得分	整改意见
1	抛物线曲面创建	各步骤正确无误	8			
2	其他 3D 创建	各步骤正确无误	8			
3	创建车右端面工序	各步骤正确无误	8			
4	创建粗车右外圆工序	各步骤正确无误	8			
5	创建精车右外圆工序	各步骤正确无误	8			
6	创建右切槽工序	各步骤正确无误	8			
7	创建右车螺纹工序	各步骤正确无误	8			
8	创建车左端面工序	各步骤正确无误	8			
9	创建粗车左外圆工序	各步骤正确无误	3			
10	创建精车左外圆工序	各步骤正确无误	3			
11	创建水平刀具铣槽工序	各步骤正确无误	5			
12	创建垂直刀具铣槽工序	各步骤正确无误	5			
13	动态模拟确认刀轨	各步骤正确无误	5			
14	后处理生成 NC 代码程序	程序正确无误	5			
15	操作加工	按图检验加工质量	5			
16	遵守规章制度、课堂纪律情况	遵守现场各项规范	5			
合计			100			

5.4　技术咨询

5.4.1　编制车铣复合加工工艺

5.4.1.1　XZC 三轴动力刀架车铣复合机床加工能力

XZC 三轴动力刀架车铣复合机床，有人称它为车削中心。从其结构特点来看，它是将普通数控车床的刀架换成动力刀架而成。动力刀架如图 5-1 所示，既可以装夹车削固定刀具，也可以装夹旋转（铣削）刀具；既可以安装垂直刀具，也可以安装水平刀具。旋转刀具自身有动力和转速，也是铣削主轴，这时的车削主轴也是铣削回转进给轴 C。如此一来，一台 XZC 三轴动力刀架车铣复合机床相当于由一台卧式车床、一台立式铣床、一台卧式铣床复合而成。由于铣削系统的动力和刚度等有限，常以 XZ 两轴车削加工为主，以 X 刀轴垂直刀具 XZC 三轴铣削和 Z 刀轴水平刀具 XZC 三轴加工为辅，XC 两轴极坐标插补铣削。刀具没有摆动功能，也没有 Y 轴，这类机床不能加工斜孔。XZC 三轴动力刀架车铣复合卧式机床如图 5-2 所示。

图 5-1　动力刀架　　　　　　图 5-2　XZC 三轴动力刀架车铣复合卧式机床

5.4.1.2　选用车铣复合机床

尽管车铣复合机床一机兼有数控车削和数控镗铣双重功能，能显著降低装夹次数和增加零件加工种类等，还是应根据被加工零件综合考虑车铣类别侧重面等，优选机床的结构形式、联动轴数、行程，特别是动力刀座结构及数控系统等。动力刀座有垂直和水平之分，分别安装垂直刀具和水平刀具，如图 5-3 所示。车铣复合机床的数控系统比较特殊，要求同一套系统能实现车、铣自动转换，不仅在建构后处理器时需要配置数控系统，同时由于多种加工交织在一起，易于出现碰撞干涉，因此在进行 VERICUT 等仿真加工时，也需要配置数控系统，最好同时购置可以编辑的后处理器，这对用好机床大有益处。

图 5-3　动力刀座类型

5.4.1.3 编制车铣复合加工工艺原则

车铣复合加工工艺需要在常规工艺的基础上充分发挥车铣复合机床的加工能力。在同一次装夹中，对于轴套类零件，需要先车后铣，这样易于获得加工、测量基准。车铣加工完一头后，掉头加工另一头。如果先车削加工完两头，再反复掉头进行铣削加工，即铣削加工和车削加工不在同一次装夹中进行，那么使用车铣复合机床加工的意义就不大了。而对于非轴套类零件，由于结构复杂，零件归类发散，因此要根据具体零件、具体分析工艺方法选用更适合的车铣复合加工机床或铣车复合加工设备等来加工。

5.4.2 创建刀轨

尽管软件有车铣复合加工的专门的子类型，但分别在车削、铣削等专门环境下创建刀轨，活动范围大而方便，因此本书也这样安排。

55 十字联轴器-车铣
复合刀路介绍

5.4.2.1 创建几何体

1）几何体目录树

（1）主轴坐标系。在 TURNING 加工环境下默认或创建的车削主轴坐标系 MCS_SPINDLE 是顶级几何体，这个坐标系可以车削、铣削通用，但不能设置铣削的安全平面。车削主轴坐标系 MCS_SPINDLE 务必选择车床工作平面，这是车削加工的特别要求。工件装夹一次编写一条程序，就用这个坐标系。

（2）工件几何体。在车削主轴坐标系 MCS_SPINDEL 下默认或创建的次级工件几何体 WORKPIECE 与已学过的铣削工件几何体 WORKPIECE 没有区别，同样由部件几何体和毛坯几何体组成。在这个工件几何体 WORKPIECE 下，有专门的车削工件几何体 TURNING_WORKPIECE，供创建车削工序使用，也可以在其下直接创建铣削工序，不过不能设置安全平面。铣削工件几何体的创建步骤如下。

在车削主轴坐标系 MCS_SPINDLE 下创建铣削局部坐标系 MCS_MILL，使用主 MCS 特殊输出，夹具偏置与主轴坐标系一样，在该铣削局部坐标系下创建铣削工件几何体 WORKPIECE_MILL，如图 5-4 所示。这样不仅可以在铣削局部坐标系中设置安全平面，还可以自由创建部件几何体和毛坯几何体，即部件几何体可以选择和车削几何体一样的成品工件，而毛坯几何体将重新被创建成车削加工获得的半成品，动态模拟视觉效果逼真，对程序和 VT 仿真没有影响。

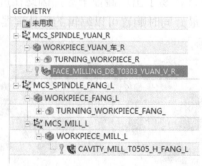

图 5-4　与工件几何体同一层次的铣削局部坐标系

2）车削工件几何体

用车削工件几何体 TURNING_WORKPIECE 来定义特有的车削截面 Turn Bnd，如图 5-5 所示。车削截面是由部件和毛坯截面交接而成的半径方向截面，位于+XM 轴一侧。

图 5-5　车削工件几何体

（1）部件截面。如果部件轮廓是比较完整的回转体，部件旋转轮廓默认自动，那么可以获得带鱼尾箭头的金黄色的截面线；如果部件轮廓是缺陷较多的不完整回转体，那么部件旋转轮廓应选通过点的平面，如图 5-6 所示，指定点屏选已有边界线的关键交点（如加工坐标原点），指定部件边界即可获得完整的部件截面，即使是部件缺陷部分，也能自动找到最大回转截面，且会出现"部分区域不在加工内"之类的报警，这属于正常现象，关掉即可。但如果直接屏选事先已有的不完整边界，那么生成刀轨时会出现"找不到切削区域"的报警，用通过点的平面就能解决这个问题。

图 5-6　部件边界对话框

（2）毛坯截面。毛坯轮廓一般是完整的回转体，将毛坯轮廓选择自动后，直接由上级 WORKPIECE 获得截面线，但对于 WORKPIECE 中的毛坯，虽然可以将其预先设计成想要的任意形状，但对于棒料和管材来说，在这里定义更方便，需要说明的是这里确定的毛坯截面直接参与车削区域范围的构成，与部件轮廓一起确定实际加工总余量，而这里没有用到工件几何体中的毛坯，仅在动态模拟时使用，与实际刀轨创建无关。

毛坯边界对话框如图 5-7 所示，其中，有 4 种毛坯和 2 种安装位置选项。

图 5-7　毛坯边界对话框

直接选取棒料、管材毛坯；若毛坯作为模型部件存在，则选择从曲线；从工作区中选择一个毛坯，可以选择上一步加工得到的工件作为毛坯。

安装位置用于确定毛坯相对于工件的放置方向，有【在主轴箱处】和【远离主轴箱处】两种选项。【在主轴箱处】表示沿坐标轴正方向放置毛坯，【远离主轴箱处】表示沿坐标轴负方向放置毛坯。毛坯端面用指定点来定位。在长度、直径中设置毛坯形状及规格大小。

各种车削工序子类型只能在车削工件几何体 TURNING_WORKPIECE 下创建，因为几何体只有 TURNING_WORKPIECE 一种选项。

3）避让几何体

车削加工可以设置专门的避让几何体，但编者经过实践觉得对于车削外圆、端面及孔加工设置统一的避让几何体存在一些问题，而在非切削参数中设置更为适用。

5.4.2.2　创建刀具

56 十字联轴器-
创建刀具介绍

根据加工工艺，优选一次性创建好所有车铣刀具，包括刀柄、刀套、刀库等，刀具应与实际机床相符合，这样仿真干涉检查才更全面。在刀具规格、性能足够的前提下，应首先选用现场刀库刀具，避免增加额外的操作工作量。

尽管在不同的加工类型中能创建同一种刀具，也不影响正常使用，但各加工类型中能创建的刀具类型有明显侧重，用户应心中有数。在车削【turning】加工类型中选用各种车刀，其他地方没有。多轴【mill_multi_axis】加工类型中的各种铣刀最齐全。钻削【drill】加工类型中的各种定尺寸孔加工刀具最齐全，这种加工类型中还有螺纹铣刀等。在车削【turning】加工类型中能创建中心钻、钻头和十二种孔内/外车削刀具子类型。在车削刀具子类型中，仅仅给出了 80°和 55°两种具有代表性的刀片角度，实际上可以选择多种刀片角度，也可以修改子类型刀具名称等。

车铣复合机床刀具的选用主要考虑车削刀具、铣削刀具、孔加工刀具在刀架上的夹持连接问题，按动力刀架选择，并注意需要水平装刀还是垂直装刀。

各种铣刀、孔加工定尺寸刀具的创建方法与三轴加工相同。车刀的创建也与普通数控车床相同，要选择刀片及参数、刀片安装位置、刀位码等，车刀所在工作坐标系必须与 MCS 主轴组一致，比铣刀、孔加工等旋转刀具的创建对话框设置的项目多。

软件中的点编号就是刀位码，前置刀架、后置刀架车床的刀位码如图 5-8 所示。

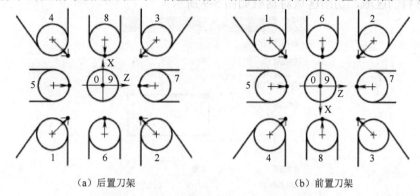

（a）后置刀架　　　　　　　　　　　（b）前置刀架

图 5-8　前置刀架、后置刀架车床的刀位码

掉头加工同一把车削刀具，其刀具号相同，直径相同，但相对对刀的长度不同，采用保持刀具号不变、改变补偿号的办法创建新刀具是实用的好办法。

5.4.2.3　创建工序

（1）单独创建车铣。

按照加工顺序，在车削工件几何体 TURNING_WORKPIECE 下创建所有车加工工序，在专门创建的铣削工件几何体 WORKPIECE 下，创建铣、钻等工序。在车削工件几何体 TURNING_WORKPIECE 下创

57 十字联轴器-创建刀路知识介绍

建中心线孔加工工序比在 drill 下创建方便。所谓中心线孔，是指用成型刀加工的孔，且孔的轴线与部件回转轴线重合。在车削工件几何体 TURNING_WORKPIECE 下，可以创建六种中心线孔加工类型，这六种加工类型将在下个项目具体介绍；可以创建十七种车削加工类型，其中，常用的十四种是平端面 FACING、粗车外圆 ROUGH_TURN_OD、倒粗车外圆 ROUGH_BACK_TURN、粗车内孔 ROUGH_BORE_ID、倒粗车内孔 ROUGH_BACK_BORE、精车外圆 FINISH_TURN_OD、精车内孔 FINISH_BORE_ID、倒精车内孔 FINISH_BACK_BORE、外圆车槽 GROOVE_OD、内孔车槽 GROOVE_ID、端面车槽 GROOVE_FACE、外圆车螺纹 THREAD_OD、内孔车螺纹 THREAD_ID 和车断 PARTOFF。

（2）避让防撞。

避让防撞不仅与机床、换刀装置、换刀点、刀具和夹具有关，也与创建的刀轨密切相关，车铣动力刀架上的刀具可垂直或水平安放，方向不一，更要注意防撞。仿真创建的工艺装备与生产现场的相同，或者现场生产的更可靠，避让问题仅取决于非切削参数

的设置。为了使刀轨有效避让，可在最大毛坯范围外设置一个人为的安全点，在这一安全点内，所有刀轨均准确可控，包括先走哪个坐标、运动到什么位置等。在这一安全点之外，在后处理器中设置具体机床的安全换刀点、工件装卸位置等即可。

5.4.2.4　切削区域

在车削工件几何体 TURNING_WORKPIECE 下设置的车削截面是全部加工要求，但特定的刀具及其工序加工的部位是有限的，这就要用切削区域来限定加工范围，确定要切除材料的区域，切削区域对话框如图 5-9 所示。

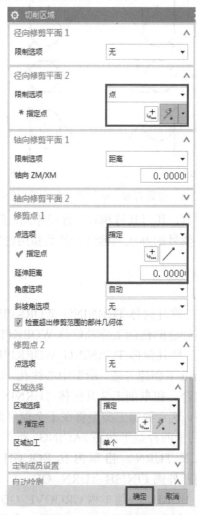

图 5-9　切削区域对话框

切削区域有修剪平面、修剪点和区域选择三种定义办法。修剪平面可以将切削区域限制在平面一侧，配合部件边界、毛坯边界和刀具角度，形成切削区域。常用一个轴向修剪平面限制切削区域，用两个轴向修剪平面限制切槽区域。修剪平面是由坐标点设置的，轴向修剪平面主要由 ZM 向坐标的大小决定，与 XM 向坐标的大小关系不大。可以用点构造器选点，直接屏选坐标点更方便。

5.4.2.5　粗车切削策略

粗车切削策略类似于铣削的切削模式，是车削的基本规则。粗车切削策略有单向线性切削、线性往复切削、倾斜单向切削、倾斜往复切削、单向轮廓切削、轮廓往复切削、单向插削、往复插削、交替插削和交替塔台等，如图 5-10、图 5-11、图 5-12、图 5-13 所示，其中，实线表示切削，常使用单向线性切削、单向轮廓切削。

（1）单向线性切削。

单向线性切削的刀轨方向是单一的分层切削，工进切削、退刀不切削，且后一层总是与前一层平行，类似手工编程的轴向车削固定循环。

（2）单向轮廓切削。

单向轮廓切削的刀轨方向单一且每一层切削刀轨都会逼近部件轮廓，类似手工编程的轮廓车削固定循环。

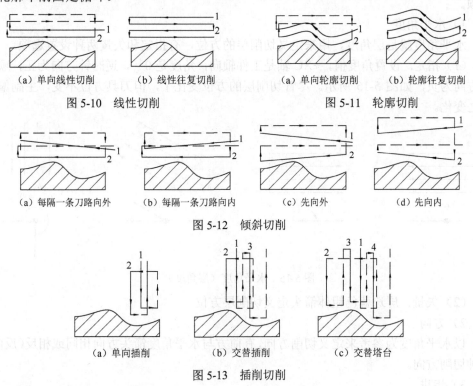

　（a）单向线性切削　　　　（b）线性往复切削　　　　　　（a）单向轮廓切削　　　（b）轮廓往复切削

　　　　图 5-10　线性切削　　　　　　　　　　　　　　　图 5-11　轮廓切削

　（a）每隔一条刀路向外　　（b）每隔一条刀路向内　　　　（c）先向外　　　　　（d）先向内

　　　　　　　　　　　　　　图 5-12　倾斜切削

　　（a）单向插削　　　　　　（b）交替插削　　　　　　　（c）交替塔台

　　　　　　　　　　　　　　图 5-13　插削切削

5.4.2.6　精车切削策略

与粗车切削策略不同，精车切削策略有 8 种，如图 5-14 所示，其中，实线表示切削，周面表示圆柱面，面表示轴阶端面。

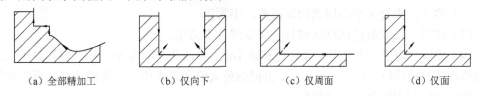

　（a）全部精加工　　　　（b）仅向下　　　　　（c）仅周面　　　　　（d）仅面

　　　　　　　　　　　　图 5-14　精车切削策略

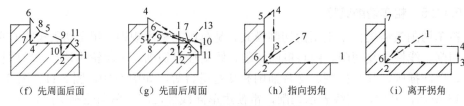

（f）先周面后面　　　（g）先面后周面　　　（h）指向拐角　　　（i）离开拐角

图 5-14　精车切削策略（续）

实际上，精车切削策略与粗车切削策略的轮廓加工相同，只有在粗加工中才提供轮廓加工功能。

5.4.2.7　车削刀轨设置

车削刀轨设置内容包括水平角度、方向、步进、变换模式、清理、附加轮廓加工六项。

1）水平角度

水平角度就是层角度，用来定义切削层的方位，有指定和矢量两种设置选项。

（1）指定。设置角度值，+XC 轴是工件轴向，角度是 0°，逆时针方向为正，顺时针方向为负，如图 5-15 所示。尽管切削层的方位变化了，但刀具方位不变，主副偏角随之变化。

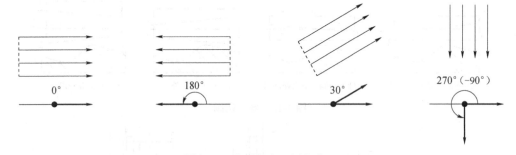

图 5-15　水平角度（层角度）

（2）矢量。屏选蓝色粗体箭头定义切削层方位。

2）方向

以水平角度为参考来定义切削方向，有前方与水平角度箭头方向相同或相反（反向）两种切削方向。

3）步进

步进控制每次切削进给的深度（背吃刀量=单层厚度），但对于倾斜切削和插削切削，不能将其设置为层数或多个。具体由切削深度指定步进深度，步进有五种设置选项。

（1）恒定。以数值或%刀具指定最大切削深度，常用。

（2）多个。设置多个不同的切厚数值，不常用。

（3）层数。以数值把切削区域划分成多层，不常用。

（4）变量平均值。通过指定最大值和最小值，系统先将厚度不在最大值和最小值之间的待切削材料排除，并不予以加工，再根据最大值和最小值的平均值计算出所需要的刀轨数最少的切削深度，经常使用。

（5）变量最大值。对厚度小于最小值的待切削材料不予以加工，否则会出现问题，不常用。

4）变换模式

变换模式用于确定使用哪种先后加工顺序将凹形区域中的待切削材料切除，有五种设置选项。

（1）根据层。以最大切削厚度切削到凹形区域，当凹形区域内的待切削材料的厚度处于最大值和最小值之间时，按切削层角度方向的顺序继续切削各凹形区域，即先按层后按层角度方向的顺序进行区域切削，常用于凹凸不平的轮廓车削。

（2）向后、最接近、以后切削。这三种变换模式用得不多。

（3）省略。对第一个凹形之后的所有凹形区域不进行切削，常用于有槽的柱面加工。

5）清理

清理是粗加工工序中对残余高度的进一步平滑变薄加工，有八种设置选项。

（1）无。不进行清理加工。

（2）全部。对部件轮廓中全部的残余高度进行清理加工。

（3）仅陡峭的。仅对指定为陡峭区域的残余高度进行清理加工。

（4）除陡峭外所有的。对除陡峭区域外所有的残余高度进行清理加工。

（5）仅层。仅对层的残余高度进行清理加工。

（6）除层外所有的。对除层外所有的残余高度进行清理加工。

（7）仅向下。仅按向下的切削方向对所有的残余高度进行清理加工。

（8）每个变换区域。对每个凹形区域的残余高度进行清理加工。

6）附加轮廓加工

附加轮廓加工可提高精加工余量的一致性，并改善粗加工表面的粗糙度。与清理不同的是，附加轮廓加工先在整个切削区域粗加工后，再沿目标轮廓加工，类似 FANUC 的粗车固定循环。

5.4.2.8　车削余量

余量是切削参数中的标签之一，有三种设置选项。

（1）恒定。同时设置端面、斜面和柱面径向相同的余量。

（2）面。同时设置端面、斜面的余量。

（3）径向。设置柱面径向余量。

5.4.2.9　车削拐角

拐角是切削参数中的标签之一，用于控制轮廓切削时拐角处的刀轨过渡方式。拐角可以是法向角或表面角，有四种设置选项。

（1）常规拐角。

常规拐角控制拐角形状，常用于去毛刺、锐角倒钝、锐角倒圆、统一倒角和统一倒圆，很方便，有四种选项，如图 5-16 所示。

① 绕对象滚动。绕拐角创建一条光滑刀轨，切出尖角。

② 延伸。拐角处延伸，切出尖角，默认粗车。

③ 圆形。刀轨在拐角处圆弧过渡，默认精车。

④ 倒斜角。刀轨在拐角处倒斜角过渡。

（2）浅角、最小浅角、凹角，不常用。

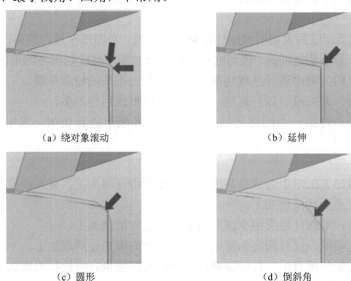

| （a）绕对象滚动 | （b）延伸 |
| （c）圆形 | （d）倒斜角 |

图 5-16　拐角选项

5.4.2.10　车削轮廓类型

轮廓类型是切削参数中的标签之一。用面、直径、陡峭区域或层区域表示一些特殊轮廓的特征情况，可定义每个类别的最大角度值、最小角度值，较麻烦，不常用。

5.4.2.11　车削轮廓加工

轮廓加工是切削参数中的标签之一，多层粗车后，附加轮廓加工对部件表面残留量执行平滑变薄清理加工。而轮廓加工是对整个部件边界加工或仅在特定边界单独加工。当在切削参数中勾选轮廓加工标签中的附加轮廓加工时，相关选项就会被激活，策略选项类似清理，又不同于清理，此外，还有多刀轨等设置，也属于粗加工范畴，但不常用。

5.4.2.12　车削进刀/退刀

进刀/退刀是非切削移动参数中的两个标签，用于控制刀具切入、切出部件的运动方式，二者的设置方法类似，一并说明。进刀/退刀有多种设置选项。

（1）圆弧-自动。

以圆弧方式切入/切出部件，若选择圆弧-自动，则圆弧半径为刀尖半径的两倍，圆弧角度为 90°，没有设置框。

（2）线性-自动。

以延长线方式切入/切出部件，若选择线性-自动，则延长线长度等于刀尖半径。

（3）线性-增量。

以坐标增量值设置进刀/退刀距离，不常用。

（4）线性。

以输入的【角度】和【长度】控制切入路径。从进刀或退刀移动的起点处开始计算角度和长度。若要光滑过渡，则应正确计算和设置角度和长度。

线性-相对于切削和点这两种进刀/退刀方法不常用。

5.4.2.13　车槽

车槽有车外槽、内槽、端面槽等子类型，这些子类型专门用来车削矩形槽，也可以用来加工成型槽，但对于异形槽，需要采用轮廓切削方式加工。用两个修剪平面限制切削区域时，常采用单向插削切削策略，要注意孔内车槽转折点的设置，防止碰撞干涉等。

5.4.2.14　车螺纹

车螺纹有车外螺纹、内螺纹、端面螺纹等子类型，通过参数设置可以车削圆柱螺纹、圆锥螺纹、变螺距螺纹等。

1）螺纹形状

（1）选择顶线、根线。由顶线、根线确定牙高。在 3D 图中，将螺纹画成详细结构，对于不便于直接选择牙形的顶线、根线，需要在草图中事先创建好，或者用符号表示，便于屏选，如果要转换成工程图，也应符合标准画法。

外螺纹顶线=M-0.12P（M 是螺纹公称直径、P 是螺距）是车螺纹前的圆柱直径，根线=M-2×0.65P 是牙底直径。内螺纹的顶线=M=牙顶直径，根线=M-P=底孔直径。

顶线决定螺纹加工的位置和长度，它是矢量，靠近单击位置的顶线端点为车削起点，另一端为车削终点，选择车削起点、车削终点后会在顶线两端分别用 start、end 来标识。

根线决定螺纹的牙深，选择顶线后，光标会自动跳转到选取根线。但通常在建模时并不画出根线，而是通过深度与角度对其进行设置。

（2）深度与角度。深度表示牙深，为半径值，根据螺纹标准获得。角度表示螺纹根线的层角度，也间接反映螺纹锥度，如圆柱螺纹是 180°、20° 锥螺纹是 170° 等。

（3）偏置。偏置有起始偏置、终止偏置、顶线偏置和根线偏置 4 种。

起始偏置是螺纹空刀导入量。在顶线基础上，正偏置加长螺纹，负偏置缩短螺纹。

终止偏置是螺纹空刀导出量，其正负含义同起始偏置。

顶线偏置和根线偏置是设置实际加工螺纹的牙顶和牙底位置与所选取的顶线和根线的差值（半径距离），可以调整螺纹尺寸，若对刀精准，则这两种偏置用得不多。

2）刀轨设置

刀轨设置为设置每刀的切削深度，有恒定、单个的和%剩余 3 种。%剩余指后一刀切削深度占前一刀剩余加工深度的百分比，符合渐进深度加工原则，经常选用。螺纹头数、螺距或变螺距等需要设置。附加刀轨根据负荷或加工精度选择设置与否。

5.4.2.15　进给率和速度

车削主轴转速常选 RPM 单位，主轴转向要根据刀架前后置、刀片安装方向等正确选择，车螺纹四向一置（螺纹旋向、刀具正反装方向、进给方向、主轴转向、刀架前后置）关系如图 5-17 所示，进给速度单位按机床选择，其他设置类似钻铣削加工。

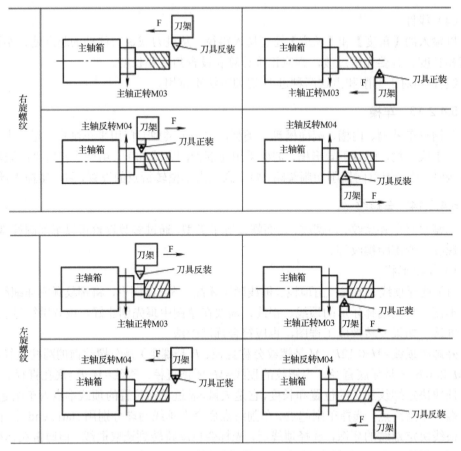

图 5-17　车螺纹四向一置关系

5.5　项目实施

58 十字联轴器-
刀路简介

5.5.1　制定加工工艺

1．分析零件工艺性能

外轮廓带有抛物线二次曲面、圆柱面、圆弧面、空刀槽、圆柱螺纹等，最高精度为7 级、Ra3.2，需要采用两轴联动、粗精车对其进行加工。零件左端有十字槽和水平槽，精度不高，分别需要采用水平铣刀和垂直铣刀铣削对其进行加工，还需要对其进行分度定位。

2．确定加工方案

铣削十字槽和水平槽可以与左端车削在一次装夹下完成，先车后铣的加工顺序不会发生任何干涉。就左端车削而言，需要装夹两次，先装夹毛坯加工右端，再掉头装夹 ϕ36外圆加工左端；对三轴数控铣槽而言，也需要装夹两次才能完成；若采用普通数控车床、普通加工中心加工，则共需要装夹四次。

　　选用三轴后置动力刀架车铣复合卧式机床加工，先车削加工右端，后掉头车铣复合加工左端，仅两次装夹即可完成全部加工内容，是优选加工方案。生产任务：加工 1 件，尽量选用现有工艺装备，制定加工工艺方案，如表 5-1 所示，工艺附图如图 5-18 所示。

表 5-1　加工工艺方案

工　序	加 工 内 容	刀具（后置刀架）	转速（rpm）	进　给　量		背吃刀量（mm）
准备	毛坯：45 圆钢 ϕ42×105。 加工设备：XZC 三轴后置动力刀架车铣复合卧式机床，S840D 数控系统。 量具：游标卡尺 0～200±0.02mm、千分尺 0～50±0.001mm					
车铣右端	粗车：抛物面，ϕ20+M27×2+ϕ36+ϕ40 圆柱面，轮廓 Ra6.3，径向余量 ϕ0.4、轴向余量 0.1	T1D1_L 车刀 55° 菱形刀片反装 刀尖 R0.4、主偏角 95° 矩形刀柄 25×25	2000	0.3	mm/r	1
	精车：轮廓达尺寸要求、Ra3.2	T1D1	2000	0.2	mm/r	
	车槽：5×1.5、Ra6.3	T2D1，刃宽 2	1000	0.1	mm/r	
	车螺纹：M27×2-7h、Ra6.3	T3D1，60° 牙型角	600	2		
车铣左端	平端面：ϕ35h8 端面 Ra6.3，控制总长 100	T1D2	2000	0.3	mm/r	1
	粗车：ϕ35h8+倒角 C1 轮廓 Ra6.3，径向余量 ϕ0.4，轴向余量 0.1	T1D2	2000	0.3	mm/r	1
	精车：轮廓达尺寸要求、Ra3.2	T1D2	2000	0.2	mm/r	
	铣十字槽：2 条 6×2.5、Ra6.3	T4D2 水平刀具，钨钢键槽铣刀 ϕ6	4000	800	mm/min	1
	铣水平槽：4 条 6×2.5、Ra6.3	T4D2 垂直刀具，钨钢键槽铣刀 ϕ6	4000	800	mm/min	1

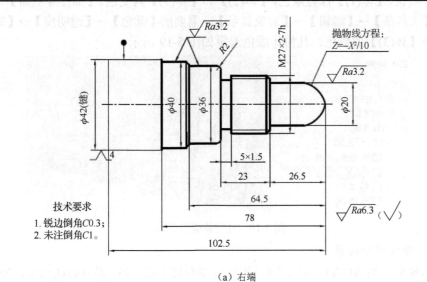

抛物线方程：$Z=-X^2/10$

技术要求
1. 锐边倒角 C0.3；
2. 未注倒角 C1。

（a）右端

图 5-18　工艺附图

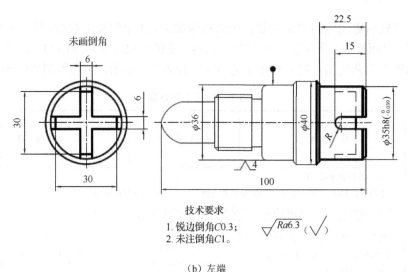

技术要求

1. 锐边倒角C0.3；
2. 未注倒角C1。

（b）左端

图 5-18　工艺附图（续）

5.5.2　创建右端刀轨

1．准备工作

1）导入模型文件

启动 UG→【新建】路径，名称为 XM8-CXFH-01 抛物线十字联轴器_CAM，进入
【建模】环境，【文件】→【导入】→【Parasolid】，分别导入模型文件 XM8-CXFH-01 抛
物线十字联轴器.x_t（体(1)）、XM8-CXFH-01 抛物线十字联轴器_车左端毛坯.x_t（体
(2)）、XM8-CXFH-01 抛物线十字联轴器_铣削毛坯.x_t（体(3)）。

2）编辑颜色

为了辨认，【体(1)】保持原色，【体(2)】和【体(3)】为变色。【部件导航器】→【体
(2)】→【工具条】→【编辑】→【对象显示】→需要的【颜色】→【透明度】→【确定】，
同理修改【体(3)】的颜色，几何体颜色编辑如图 5-19 所示。

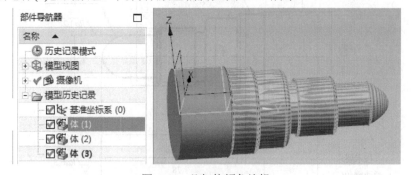

图 5-19　几何体颜色编辑

3）调整建模坐标系

将建模坐标系 XC-YC-ZC 调整至工件右端回转中心，ZC 沿轴心线向右，XC-YC-
ZC 坐标系如图 5-20 所示。

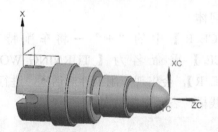

图 5-20　XC-YC-ZC 坐标系

隐藏毛坯,【保存】。

4）进入车削环境

【启动】→【加工】→【cam_general】→【turning】→【确定】→【保存】。

2. 创建几何体

1）创建加工坐标系

【几何视图】→双击【+MCS_SPINDLE】→【指定 MCS】→动态让 XM-YM-ZM 与 XC-YC-ZC 重合→车削工作平面【指定平面】ZM-XM,并间隔单击两次【+MCS_SPINDLE】,重命名为【+MCS_SPINDLE_R】,表示零件右端,如图 5-21 所示,【细节】→【主要】→【1】。

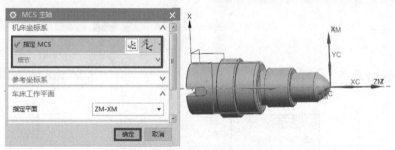

图 5-21　XM-YM-ZM 坐标系

2）指定工件几何体

单击【+MCS_SPINDLE】中的"+"号→间隔单击两次【WORKPIECE】→重命名为【+WORKPIECE_R】→双击【+WORKPIECE_R】→【指定部件】→屏选部件→【确定】→【指定毛坯】→【毛坯几何体】→【类型】包容圆柱体,如图 5-22 所示。

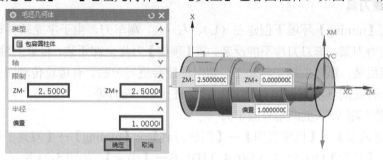

图 5-22　指定毛坯

3）指定车削工件几何体

单击【+WORKPIECE_R】中的"+"→将车削特有的车削工件几何体【TURNING_WORKPIECE】重命名为【TURNING_WORKPIECE_R】→双击【TURNING_WORKPIECE_R】，会出现车削工件对话框，进行设置，如图 5-23 所示，单击【保存】，生成鱼尾线框，表示车削截面。

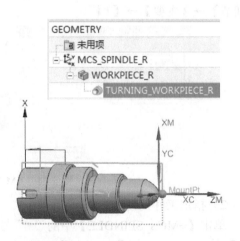

图 5-23　指定车削工件几何体

3. 创建刀具

在车削【turning】环境下创建左（L）、右（R）端车刀。由于宇龙软件车铣复合机床是后置动力刀架，车刀刀片不能反装，选【顶侧】刀片全部正装，将来主轴反转加工；如果刀片能反装，那么主轴正转加工，切削性能会更好一些，有齿轮传动时会更好。可以在任意一种铣削环境下创建水平（H）、垂直（V）铣刀等。

1）创建右端 95°主偏角外圆车刀

【工序导航器】→【机床视图】→【创建刀具】→【turning】→【刀具子类型】第一排第五个→【名称】OD_55_L_95R0.4_T1D1 右→【确定】，如图 5-24 所示。

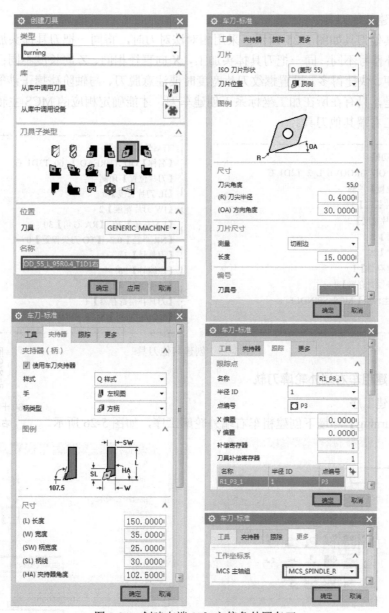

图 5-24　创建右端 95° 主偏角外圆车刀

　　【工具】→【刀片位置】顶侧→【(R)刀尖半径】0.4→【(OA)方向角度】30（=180-95-55）→【测量】切削边→【长度】15→【刀具号】1。

　　【夹持器】→【☑使用车刀夹持器】→【(HA)夹持器角度】102.5（=90+107.5-95）。夹持器即刀柄，不参与刀轨计算，但与实物相同时，可用于仿真干涉检验。

　　【跟踪】→【点编号】P3→【补偿寄存器】1→【刀具补偿寄存器】1。补偿寄存器、刀具补偿寄存器分别表示刀具长度、半径补偿寄存器编号。点编号就是刀位码。

　　【更多】→【工作坐标系】→【MCS 主轴组】MCS_SPINDLE_R→【确定】。车刀必须在所在加工坐标系下工作。

2）创建其他刀具

创建其他刀具如图 5-25 所示。采用相对法对刀时，将同一把刀具掉头加工，刀具号相同、补偿号不同；同一把刀具掉头加工，X 向直径相同、Z 向长度不同；用绝对法对刀要方便、快捷得多。设置螺纹刀片宽度时要注意脱刀、与轴阶碰撞干涉等问题。需要说明的是，只有在所在加工坐标系下创建车刀，才能确定相应的 MCS 主轴组。这里先创建加工右端其他刀具。

右端外切槽刀

【名称】OD_GROOVE_L_2_T2D1 右

【刀片位置】顶侧

【IL 刀片长度】12

【IW 刀片宽度】2

【刀具号】2

【点编号】P3

【补偿寄存器】1

【刀具补偿寄存器】1

【MCS 主轴组】MCS_SPINDLE_R

右端外螺纹车刀

【名称】OD_THREAD_L_60_T3D1 右

【刀片位置】顶侧

【IL 刀片长度】5

【IW 刀片宽度】2

【LA 左角】30、【RA 右角】30

【NR 半径】0.2、【TO 刀尖偏置】0

【刀具号】3

【点编号】P8

【补偿寄存器】1

【刀具补偿寄存器】1

【MCS 主轴组】MCS_SPINDLE_R

图 5-25　创建其他刀具

4. 创建粗车右端外轮廓刀轨

1）创建工序

在【turning】环境下创建粗车右端外轮廓工序，如图 5-26 所示。

60 十字联轴器-创建
右端粗车刀路

（a）创建工序　　　　　　　（b）外径粗车-[ROUGH_TURN_OD_T1D1 右]对话框

图 5-26　创建粗车右端外轮廓工序

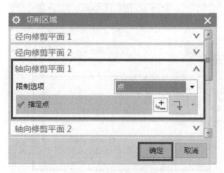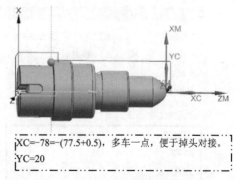

（c）　切削区域对话框　　　　　　　　　　（d）　切削区域显示

图 5-26　创建粗车右端外轮廓工序（续）

2）设置切削参数

如果没有砂轮越程槽，那么无论是否勾选允许底切，都不起作用；【常规拐角】圆形→【半径】0.25，去毛刺，面余量大于轴阶余量，以防止凹凸轮廓多切或少切，如图 5-27 所示。

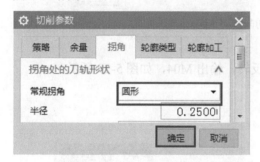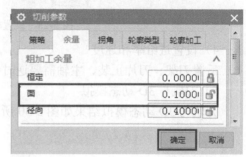

图 5-27　设置切削参数

3）设置非切削移动

为光滑过渡，进刀采取圆弧-自动，退刀不存在光滑连接问题，采取线性-自动，【延伸距离】2，防止毛坯发生大碰撞干涉，关键是逼近、离开避让设置，统一为同一个点（XC,YC）＝（5,23），如图 5-28 所示。

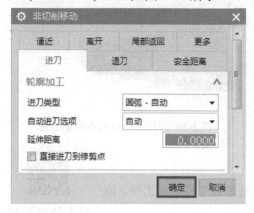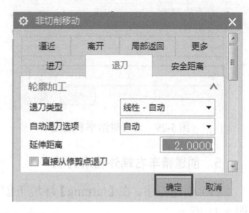

图 5-28　设置非切削移动

图 5-28   设置非切削移动（续）

4）设置进给率和速度

后置刀架、刀片正装、主轴需要逆时针反转，输出 M04，如图 5-29 所示。

5）刀轨与 3D 动态模拟

刀轨与 3D 动态模拟结果如图 5-30 所示。

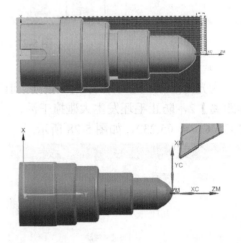

图 5-29   设置进给率和速度　　　　　　图 5-30   刀轨与 3D 动态模拟结果

5. 创建精车右端外轮廓刀轨

（1）创建工序。在【turning】环境下创建精车右端外轮廓工序，如图 5-31 所示。

61 十字联轴器-创建
右端精车刀路

图 5-31　创建精车右端外轮廓工序

（2）设置切削参数。拐角同粗车，余量是 0。

（3）设置非切削移动。同粗车。

（4）设置进给率和速度。后置刀架、刀片正装、主轴需要逆时针反转，输出 M04，如图 5-32 所示。

（5）刀轨与 3D 动态模拟结果如图 5-33 所示。

图 5-32　设置进给率和速度

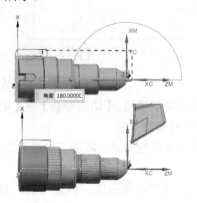

图 5-33　刀轨与 3D 动态模拟结果

6. 创建车右端外槽刀轨

（1）创建工序。在【turning】环境下创建车右端外槽工序，如图 5-34 所示。

图 5-34　创建车右端外槽工序

（2）选择切削区域。【切削区域】→【轴向修剪平面 1】→【限制选项】点→【指定点】→屏选槽底左侧线端→【确定】→【轴向修剪平面 2】→【限制选项】点→【指定点】→屏选槽底右侧线端→【确定】，如图 5-35 所示。

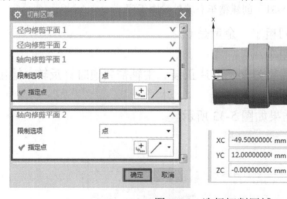

图 5-35　选择切削区域

（3）设置切削参数。【切削参数】→【策略】→【粗切削后驻留】转→【转】2→【确定】。槽底进给暂停 2 转。

（4）设置非切削移动。将进刀、退刀均设为线性-自动。逼近、离开避让设置，同粗车外圆。

（5）设置进给率和速度。后置刀架、刀片正装、主轴需要逆时针反转，输出 M04，如图 5-36 所示。

（6）刀轨与 3D 动态模拟结果如图 5-37 所示。

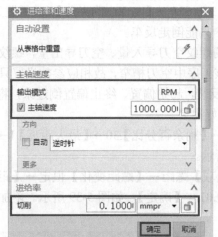

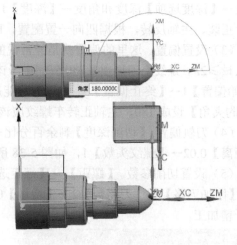

图 5-36　设置进给率和速度　　　　　　图 5-37　刀轨与 3D 动态模拟结果

7. 创建车右端外螺纹刀轨

（1）创建工序。在【turning】环境下创建车右端外螺纹工序，如图 5-38 所示。

63 十字联轴器-创建
右端螺纹刀路

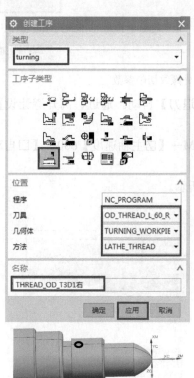

图 5-38　创建车右端外螺纹工序

（2）设置螺纹形状。【选择顶线(1)】屏选螺纹顶线左端，既选择了顶线，又选择了起点→【深度选项】深度和角度→【深度】$1.3=0.65P$→【与 XC 旳夹角】0，后置刀架、刀片正装、主轴反转，根据四向一置配置，F 只能倒走反车。

（3）设置偏置。这里的偏置就是经常说的螺纹空刀导入量、空刀导出量，螺纹空刀导入量≥$2P$，螺纹空刀导出量≥$0.5P$，由于该工序中空刀槽窄，故相应参数设置只能为【起始偏置】1→【终止偏置】5。如果刀片能反装，起始偏置、终止偏置倒过来，将【与 XC 旳夹角】设成 180，主轴正转车螺纹应该好得多。

（4）刀轨偏置。【切削深度】剩余百分比→【剩余百分比】30→【最大距离】1→【最小距离】0.02→【螺纹头数】1，如图 5-38 所示。

（5）设置切削参数。【螺距】→【螺距选项】螺距→【螺距变化】恒定→【距离】2→【附加刀路】→【刀路数】2→【增量】0.01→【确定】，如图 5-39 所示。附加刀路用于精加工。

图 5-39　设置车右端外螺纹切削参数

（6）设置非切削移动。【进刀】自动→【退刀】自动。逼近、离开避让设置，统一为同一个点（XC,YC）=（5,23）。

（7）设置进给率和速度。【输出模式】RPM→【☑主轴速度】600→【□自动】逆时针→【切削】2→【确定】，如图 5-40 所示。

（8）刀轨与 3D 动态模拟结果如图 5-41 所示。

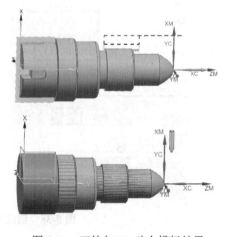

图 5-40　设置进给率和速度　　　　图 5-41　刀轨与 3D 动态模拟结果

5.5.3　创建左端刀轨

1．创建左端主工件坐标系

复制右端工件坐标系"+MCS_SPINDLE_R"→修改为"左端主工件坐标系+MCS_SPINDLE_L"→双击"+MCS_SPINDLE_L"，创建左端主工件坐标系"+MCS_SPINDLE_L"，如图 5-42 所示。

64 十字联轴器-创建
左端刀路基本设置

图 5-42　创建左端主工件坐标系+MCS_SPINDLE_L

2．创建车削左端的工件几何体

点开"+MCS_SPINDLE_L"的"+"→间隔两次单击"+WORKPIECE_R"→修改为车削左端的工件几何体"+WORKPIECE_TURN_L"→双击"+WORKPIECE_TURN_L"→【指定部件】选部件→【指定毛坯】→【几何体】选体 2，如图 5-43 所示。

图 5-43　创建车削左端的工件几何体 WORKPIECE_TURN_L

3．创建车削左端的车削工件几何体

点开"+WORKPIECE_TURN_L"的"+"→间隔两次单击"TURNING_WORKPIECE_R"→修改为车削左端的车削工件几何体"TURNING_WORKPIECE_L"→双击设置，如图 5-44 所示。

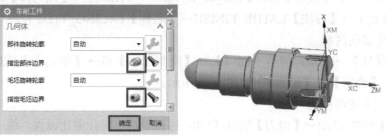

图 5-44　创建车削左端的车削工件几何体 TURNING_WORKPIECE_L

4. 创建加工左端刀具

1）创建车削左端外圆车刀

【工序导航器】→【机床视图】→复制、粘贴"OD_55_L_95R0.4_T1D1 右"→修改为"OD_55_L_95R0.4_T1D2 左"→双击，按图 5-45 编辑。掉头加工同一把车刀，刀具号不变，修改补偿号和工作坐标系。

图 5-45　创建车削左端外圆车刀

2）创建水平/垂直键槽铣刀

【工序导航器】→【机床视图】→【创建刀具】→【类型】mill_planar→【子类型】MILL，创建水平/垂直键槽铣刀参数如图 5-46 所示。

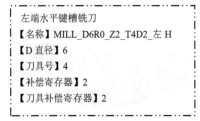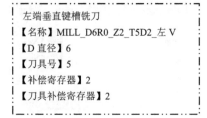

图 5-46　创建水平/垂直键槽铣刀参数

5. 创建车削左端面刀轨

1）创建车削左端面工序

【工序导航器】→【几何视图】→【创建工序】→【类型】turning→【工序子类型】FACING，如图 5-47 所示。【刀具】OD_55_L_95R0.4_T1D2 左→【几何体】TURNING_WORKPIECE_L→【方法】LATHE_FINISH→【名称】FACING_T1D2 左→【确定】。

2）指定切削区域

【切削区域】→【轴向修剪平面 1】→【限制选项】点→【指定点】(XC,YC,ZC)=(0,17.5,0)→【确定】→【确定】，如图 5-48 所示。

3）设置非切削移动

【进刀】线性-自动→【退刀】线性-自动，进行逼近、离开避让设置，统一为同一个点(XC,YC)=(5,23)，如图 5-49 所示。

图 5-47　创建车削左端面工序

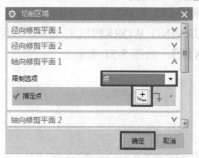

图 5-48　指定切削区域

图 5-49　设置非切削移动

4）设置进给率和速度

后置刀架、刀片正装、主轴需要逆时针反转，输出 M04。【输出模式】RPM→【☑主轴速度】2000→【□自动】逆时针→【切削】0.3→【确定】。

5）刀轨与 3D 动态模拟

刀轨与 3D 动态模拟结果如图 5-50 所示。

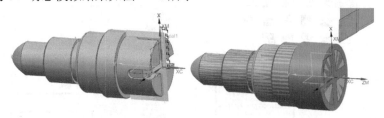

图 5-50　刀轨与 3D 动态模拟结果

6. 创建粗车左端外轮廓刀轨

1）创建粗车左端外轮廓工序

复制、粘贴粗车右端外轮廓工序"ROUGH_TURN_OD_T1D1 右"→修改为粗车左端外轮廓工序"ROUGH_TURN_OD_T1D2 左"→双击"ROUGH_TURN_OD_T1D2"→【几何体】TURNING_WORKPIECE_L→【刀具】OD_55_L_95R0.4_T1D2 左→【切削区域】，如图 5-51 所示。

65 十字联轴器-创建
左端粗、精车

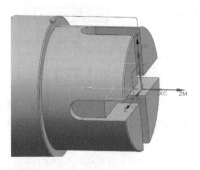

图 5-51　创建粗车左端外轮廓工序

2）设置非切削移动

修改逼近、离开避让设置，统一为同一个点(XC,YC)=(5,23)。

3）刀轨与 3D 动态模拟

粗车左端外轮廓刀轨与 3D 动态模拟结果如图 5-52 所示。

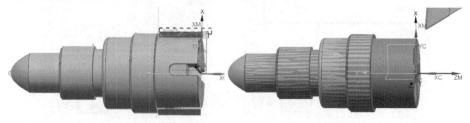

图 5-52　粗车左端外轮廓刀轨与 3D 动态模拟结果

7. 创建精车左端外轮廓刀轨

1）创建工序

复制、粘贴精车右端外轮廓工序"FINISH_TURN_OD_T1D1 右"→修改为精车左端外轮廓工序"FINISH_TURN_OD_T1D2 左"→双击"FINISH_TURN_OD_T1D2 左"→【几何体】TURNING_WORKPIECE_L→【刀具】OD_55_L_95R0.4_T1D2 左→【切削区域】，如图 5-51 所示。

2）设置非切削移动

修改逼近、离开避让设置，统一为同一个点(XC,YC)=(5,23)。

3）刀轨与 3D 动态模拟

精车左端外轮廓刀轨与 3D 动态模拟结果如图 5-53 所示。

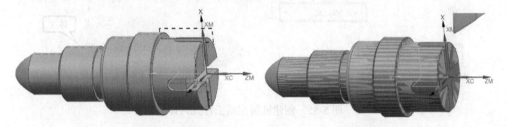

图 5-53　精车左端外轮廓刀轨与 3D 动态模拟结果

8. 创建铣削左端几何体

1）创建铣削左端局部坐标系

66 十字联轴器-创建左端十字槽铣削

为了设置坐标系安全设置选项，继承车削左端主坐标系，创建铣削左端局部坐标系 MCS_MILL_左。【创建几何体】→【类型】mill_planar→【几何体子类型】MCS→【几何体】MCS_SPINDLE_L→【名称】MCS_MILL_左→【确定】→【用途】局部→【特殊输出】使用主 MCS→【装夹偏置】2→【确定】，如图 5-54 所示。

图 5-54　创建铣削左端局部坐标系

2）创建铣削左端工件几何体

【创建几何体】→【类型】mill_planar→【几何体子类型】WORKPIECE→【几何体】

MCS_MILL_左→【名称】WORKPIECE_MILL_左→【确定】→【用途】局部→【特殊输出】使用主 MCS→【装夹偏置】2→【确定】→双击【+MCS_SPINDLE】→【指定部件】屏选部件→【指定毛坯】屏选体 3→【确定】，如图 5-55 所示，隐藏毛坯。

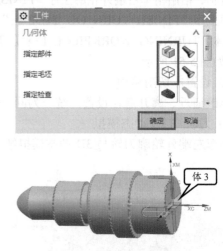

图 5-55　创建铣削左端工件几何体

9. 创建水平刀具铣削左端面槽刀轨

1）创建水平刀具铣削左端面槽工序

【工序导航器】→【几何视图】→【创建工序】→【类型】mill_planar→【工序子类型】FACE→【刀具】MILL_D6R0_Z2_T4D2_左→【几何体】MCS_MILL_左→【方法】METHOD→【名称】FACE_MILLING_H→【确定】，如图 5-56 所示。

图 5-56　创建水平刀具铣削左端面槽工序

2）指定水平刀具铣削左端面槽的面边界

【指定面边界】→【刀具侧】内部→【刨】自动→屏选十字槽底面→【确定】，如图 5-57 所示。

152

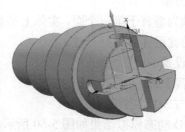

图 5-57　指定水平刀具铣削左端面槽的面边界

3）指定刀轴

指定的刀轴应垂直于第一个面。实际上是水平刀轴，但最好不要选择+ZM，选择垂直于第一个面的宽泛性会更好一些。

4）刀轨设置

【切削模式】选跟随周边或跟随部件均可→【毛坯距离】5→【每刀切削深度】1→【余量】0→【☑主轴转速】4000→【切削】800→【确定】。

5）刀轨与 3D 动态模拟

刀轨与 3D 动态模拟结果如图 5-58 所示。

图 5-58　刀轨与 3D 动态模拟结果

10．创建垂直刀具铣削左柱面槽刀轨

1）创建工序

复制、粘贴"FACE_MILLING_H"→修改为垂直刀具铣削左柱面槽刀轨"FACE_MILLING_V"→双击"FACE_MILLING_V"→【刀具】MILL_D6R0_Z2_T5D2_左 V。

67 十字联轴器-创建
左端平面铣削

2）指定面边界

【指定面边界】→【刀具侧】内部→【刨】自动→【删除】列表→屏选十字槽底面→【确定】，如图 5-59 所示。

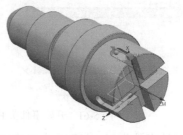

图 5-59　指定垂直刀具铣削左柱面槽的面边界

3）指定刀轴

指定刀轴为垂直于第一个面，实际上是垂直刀轴，但最好不要选择+XM，选择垂直于第一个面的宽泛性会更好一些。

4）刀轨设置

【毛坯距离】2.5→【确定】。

5）刀轨与 3D 动态模拟

刀轨与 3D 动态模拟结果如图 5-60 所示。

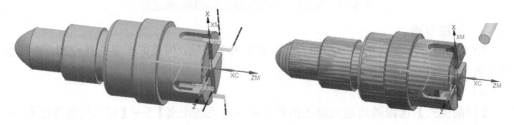

图 5-60　刀轨与 3D 动态模拟结果

5.5.4　后处理

自建 XZC 通用系统偏 SIEMENS 系统车铣复合后处理器 XZC_T_M_XZ_GE -T1D1，需要开始事件头 Head 的 TURN、MILL、DRILL 导引选择车、水平轴钻铣、垂直轴钻铣的相应后处理器。工序名称可能有很多，把加工方法连接在开始事件头 Head 上，后处理时首先执行开始事件，判断选择后处理器，正好为后处理做准备工作。

68 十字联轴器-
刀路后处理

1. 开始事件头 Head 连接车削加工方法

所有的车刀刀具使用的加工方法（LATHE_ROUGH、LATHE_FINISH、LATHE_GROOVE、LATHE_THREAD）都属于 TURN。

【加工方法视图】→右击加工方法 LATHE_ROUGH→【对象】→【开始事件】→【用户定义事件】→【可用事件】→【Head】→【添加新事件】→【状态】活动→【☑名称状态】→【名称】TURN→【确定】→【确定】，开始事件头 Head 连接车削加工方法如图 5-61 所示。

图 5-61　开始事件头 Head 连接车削加工方法

同理，开始事件头 Head 可通过 TURN 连接 LATHE_FINISH、LATHE_GROOVE、LATHE_THREAD。

2. 开始事件头 Head 连接水平铣削加工方法

1）创建水平铣削加工方法

【加工方法视图】→【创建方法】→【类型】mill_planar→【方法】METHOD→【名称】MILL_H→【确定】，如图 5-62 所示。

2）修改 FACE_MILLING_H 工序的加工方法

【剪切】工序 FACE_MILLING_H→右击选择加工方法 MILL_H→【内部粘贴】，如图 5-63 所示。

图 5-62　创建水平铣加工方法　　　　图 5-63　修改 FACE_MILLING_H 工序的加工方法

3）连接

右击选择加工方法 MILL_H→【对象】→【开始事件】→【用户定义事件】→【可用事件】Head→【添加新事件】→【状态】活动→【☑名称 状态】→【名称】MILL→【确定】→【确定】，如图 5-64 所示。

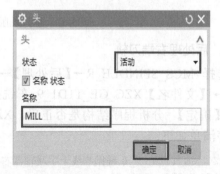

图 5-64　水平铣削加工工序连接 MILL

3. 开始事件头 Head 连接垂直铣削加工方法

1）创建垂直铣削加工方法

【加工方法视图】→【创建方法】→【类型】mill_planar→【方法】METHOD→【名称】MILL_V→【确定】，如图 5-65 所示。

2）修改工序的加工方法

剪切工序 "FACE_MILLING_V" "FACE_MILLING_V_INSTANCE" "FACE_MILLING_V_INSTANCE_1" "FACE_MILLING_V_INSTANCE_2"→右击选择加工方法 "MILL_V"→【内部粘贴】，如图 5-66 所示。

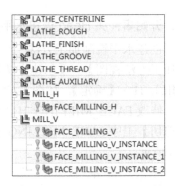

图 5-65　创建垂直铣削加工方法　　　　图 5-66　修改 FACE_MILLING_V 等工序的加工方法

3）连接

右击选择加工方法 MILL_V→【对象】→【开始事件】→【用户定义事件】→【可用事件】Head→【添加新事件】→【状态】活动→【☑名称 状态】→【名称】DRILL→【确定】→【确定】，如图 5-67 所示。需要说明的是，DRILL 在这里表示垂直刀轴加工，并非狭义的钻削。

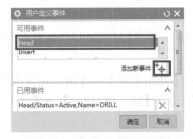

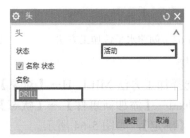

图 5-67　垂直铣削工序连接 DRILL

4．后处理右端刀轨

选择+MCS_SPINDLE_R→【后处理】→【浏览查找处理器】XZC_T_M_XZ_LINK_GE_9→【文件名】XZC_GE_T1D1_9_车铣抛物线十字联轴器右.ptp→【文件扩展名】ptp→【确定】。分析程序结构是否正确。XZC_GE_T1D1_9_车铣抛物线十字联轴器右的程序清单如下：

```
XZC_GE_T1D1_9_车铣抛物线十字联轴器右.ptp
N0010 G74 X1=0 Z1=0
N0020 T01 D01
N0030 ;G54
N0040 G00 G90 X46. Z5. M04 S2000.
N0050 X40. Z5.
N0060 X40. Z5.9
N0080 G01 X40. Z5.5 F.3
......
N1540 X46. Z5.
N1550 X-2.4 Z5.
N1560 X-2.4 Z.8
N1570 G02 X-.8 Z0.0 I1.6 K0.0 F.2
```

```
......
N1800 X52. Z5.
N1810 G74 X1=0 Z1=0
N1820 T02 D01
N1830 X44. Z5. M04 S1000.
N1840 X44. Z-46.5
N1850 X33.15 Z-46.5
N1870 G01 X32.75 Z-46.5 F.1
N1880 X24. Z-46.5
N1890 G04 X2
N1900 X24.4 Z-46.5
N1910 G00 X33.15 Z-46.5

......
N2020 X44. Z5.
N2030 G74 X1=0 Z1=0
N2040 T03 D01
N2050 X44. Z5. M04 S600.
N2060 X44. Z-45.5
N2070 X32.75 Z-45.5
N2080 G97 M04
N2090 G01 X25.982 Z-45.5 F2.
N2100 G33 Z-22.5 K2.
N2110 G01 X32.75 Z-22.5
N2120 G00 X32.75 Z-45.5

......
N2650 X44. Z5.
N2660 G74 X1=0 Z1=0
N2670 M30
```

5. 后处理左端刀轨

选择+MCS_SPINDLE_L→【后处理】→【浏览查找处理器】XZC_T_M_XZ_LINK_GE_9→【文件名】XZC_GE_T1D1_9_车铣抛物线十字联轴器左.ptp→【文件扩展名】ptp→【确定】，获得程序，分析程序结构是否正确。XZC_GE_T1D1_9_车铣抛物线十字联轴器左的程序清单如下：

```
XZC_GE_T1D1_9_车铣抛物线十字联轴器左.ptp
N0010 G74 X1=0 Z1=0
N0020 T01 D02
N0030 ;G55
N0040 G00 G90 X46. Z5. M04 S2000.
N0050 X46. Z1.5
N0060 X48.8 Z1.5
N0070 G96 M04
N0080 G01 X48. Z1.5 F.3
......
N0670 X46. Z5.
N0680 M05
```

```
N0690 G74 X1=0 Z1=0
N0700 T04 D02
N0710 G55
N0720 G12.1
N0730 G00 G90 X44.874 Y0.0 C-90. S1=4000 M1=03
N0740 Z10.
N0750 Z1.
N0760 G01 Z-2. F800. M08
N0770 X35.4
N0780 C-89.886
N0790 X34.947 C-90.069
N0800 X34.482 C-90.
N0810 X6.
N0820 X4.419 C-87.401
......
N6000 X40.137 C1710.
N6010 X44.874
N6020 Z-4.5
N6030 Z-3.
N6040 G00 Z10.
N6050 M1=05
N6060 M05
N6070 G74 X1=0 Z1=0
N6080 T05 D02
N6090 G55
N6100 G12.1
N6110 G00 G90 X70. Y0.0 Z5.196 C1800. S1=0 M1=03

N6120 X39.333
N6130 G01 X33.333 F250. M08
N6140 Z-3.3
N6150 Z-12.
N6160 Z-5.997
N6170 Z-3.3 C1800.016
N6180 Z5.201 C1800.067
......
N7410 G00 X70. C2070.032
N7420 M1=05
N7430 G74 X1=0 Z1=0
N7440 M30
```

69 十字联轴器-车铣复
合宇龙仿真基本操作

5.5.5 仿真加工

采用宇龙软件仿真加工，左、右端两次装夹对应两个程序，即 XZC_GE_T1D1_9_

车铣抛物线十字联轴器右和 XZC_GE_T1D1_9_车铣抛物线十字联轴器左，先后分别加工，如图 5-68 所示。宇龙软件仿真加工工件的毛边凸显，影响美观，还存在不识别进给暂停 G04X 程序、M30 停不了主轴旋转等问题，不过，该软件加工的刀轨、程序肯定是正确的。

70 十字联轴器-车铣复合
宇龙仿真导入程序、加工

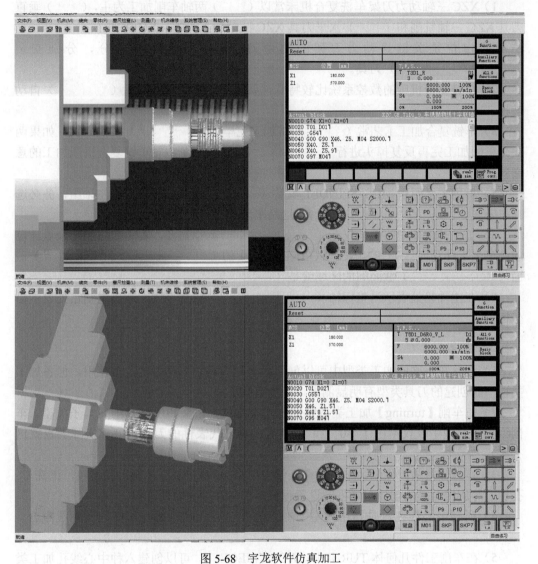

图 5-68　宇龙软件仿真加工

5.6　考核与提高

　　学生可通过做题验证、考核、提高自身相应能力。按 100 分计，填空题、判断题分别占 10%的分值；模拟综合题占 40%的分值，需要学生按图样要求模拟加工或在线加工、测量，并自制项目过程考核卡记录检验结果，以巩固、验证其基本岗位工作能力；椭球手柄是企业产品优化题，占40%的分值，需要学生模拟加工，并参照项目实施方法书写项目成果报告，以提高其从业技术水平。

一、填空题

1）XZC三轴动力刀架车铣复合机床常以（　　）两轴车削加工为主，（　　）垂直刀具XZC三轴铣削和（　　）水平刀具XZC三轴加工为辅，XC两轴（　　　　）铣削或定位是关键。动力刀架的动力刀座有垂直和水平之分，分别安装（　　　　　　）刀具。

2）车铣复合机床的数控系统比较特殊，要求同一套系统能实现（　　　　）自动转换。

3）车铣复合加工工艺常（　　）车铣加工完毕后，（　　）加工另一头。如果两头先车削加工完再反复掉头进行（　　　　　），使用单主轴车铣复合机床加工的意义就（　　　　）。

4）车削主坐标系MCS_SPINDEL又称（　　　　　　　）主轴组，务必选择车床（　　　　　　　　　），这是车削加工的特别要求。

5）工件几何体中的毛坯仅在（　　　　　　　）中需要，真正参与加工余量计算的是车削工件几何体TURNING_WORKPIECE中的（　　　　　）。（　　　　）截面与（　　　　）截面间的区域就是（　　　　）。

6）在主轴箱处表示沿坐标轴（　　　　　　）放置毛坯，远离主轴箱处表示沿坐标轴（　　　　　　　）放置毛坯。

二、判断题

1）尽管在不同的加工类型中可以创建同一种刀具，也不影响正常使用，但各加工类型中能创建的刀具类型有明显侧重，多少有些不同。　　　　　　　　　　（　　）

2）在车削【turning】加工类型中能创建中心钻、钻头和所有车削刀具子类型。车削刀具子类型中仅仅给出了80°和55°两种具有代表性的刀片角度，实际上也就这么多。　　　　　　　　　　　　　　　　　　　　　　　　　　　　　（　　）

3）点编号就是刀位码，车刀所在工作坐标系必须与MCS主轴组相一致，比铣刀、孔加工等旋转刀具的创建对话框的设置项目多，具体创建时要注意。　　（　　）

4）所谓中心线孔，是指用成型刀加工的孔，且孔的轴线与部件回转轴线重合。　　　　　　　　　　　　　　　　　　　　　　　　　　　　　　　（　　）

5）在车削工件几何体TURNING_WORKPIECE下，可以创建六种中心线孔加工类型、十七种车削加工类型。车削自动编程的最大优点是刀尖圆弧半径参与坐标计算，能避免某些数控系统不用刀尖圆弧半径补偿而造成的多切或少切现象。　　（　　）

三、模拟综合题

完成如图5-69所示的抛物线锥轴的工艺编制、刀轨创建及加工。

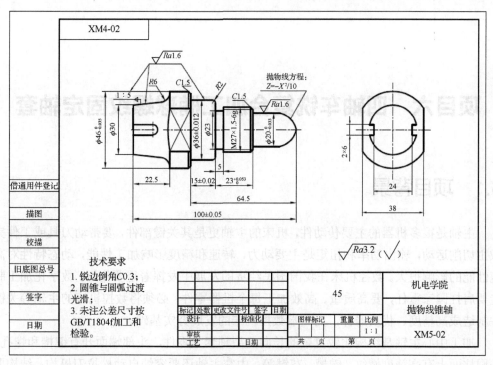

图 5-69　抛物线锥轴

四、企业产品优化题

完成如图 5-70 所示的椭球手柄的工艺编制、刀轨创建及加工。

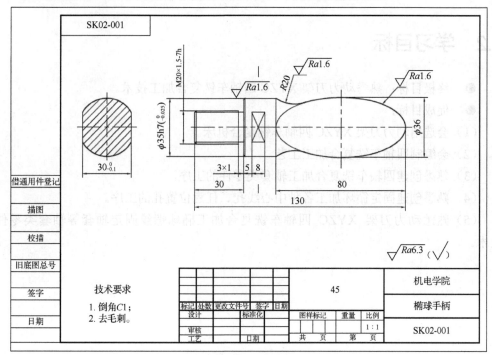

图 5-70　椭球手柄

项目六　四轴车铣复合加工椭球螺纹固定轴套

6.1　项目背景

　　主轴是很多机器的主要传动件，机床的主轴更是其关键部件，要带动刀具或工件完成主切削运动，输出功率和扭矩是主要动力，转速和精度影响加工性能，动态特性对高速性能的影响很大。数控机床在我国国民经济的发展中发挥着重要作用。数字化加工制造要肩扛国家重任，要高质量、高效加工每个机器零件，必须将数控机床的主轴等关键件制造成高精度、优质器件，为高端数控机床的发展夯实基础。

　　加工中心主轴是结构比较复杂的长向典型轴套类零件，头部端面开有键槽和螺孔，外圆柱面上有高精度螺纹、键槽、花键等，中空主轴还要容纳自动松拉刀机构，结构要素多而宽泛，加入车二次曲线等复杂曲面，增加旋转刀具固定循环加工的孔，这类机床成为车削加工、立卧主轴五面铣削加工等四轴车铣复合加工项目载体，具有代表性。

6.2　学习目标

- 终极目标：熟悉动力刀架 XYZC 四轴车铣复合加工技术。
- 促成目标：

（1）会选用动力刀架 XYZC 四轴车铣复合机床。

（2）会编制四轴车铣复合加工工艺。

（3）熟悉创建四轴车铣复合加工轴套类零件的工序。

（4）熟悉创建固定循环加工各种中心线孔、任意位置孔的工序。

（5）熟悉动力刀架 XYZC 四轴车铣复合加工椭球螺纹固定轴套等轴套类零件技术。

6.3　工学任务

1）零件图样

图 6-1 所示为 XM6-01 椭球螺纹固定轴套。

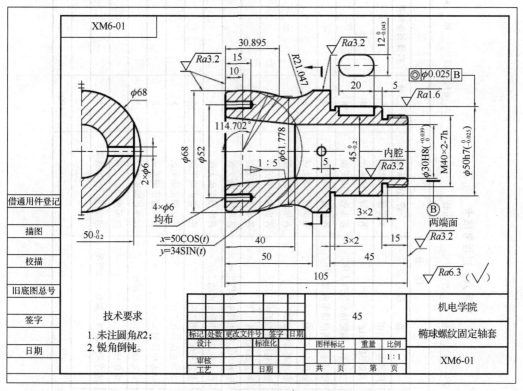

图 6-1　XM6-01 椭球螺纹固定轴套

2）任务

（1）编制加工工艺。

（2）创建刀轨。

（3）定制后处理。

（4）操作加工。

3）要求

（1）填写"项目六　过程考核卡"的相关信息。

（2）提交电子版、纸质版项目成果报告及"项目六　过程考核卡"。

（3）提交加工的椭球螺纹固定轴套照片或实物。

项目六 过程考核卡

院部____ 班级____ 小组____ 学号____ 姓名____ 互评学生____ 组长____ 指导教师____ 考核日期____ 年_月_日

评 分 表

考 核 内 容	序号	项　　目	评 分 标 准	配　分	实操测量结果	得　分	整 改 意 见
任务： 数控车铣加工如图6-1所示的XM6-01椭球螺纹固定轴套 备料： Φ70mm×Φ25mm×110mm，Ra6.3μm 锻铝 备刀： 95°内、外圆车刀 2mm宽外槽车刀 普通外螺纹车刀 φ12mm、φ6mm 键槽铣刀各2把 根据具体使用的数控机床组装成相应的刀具组 量具： 游标卡尺 0~125±0.02mm 螺母 M40×2 千分尺 0~50±0.001mm	1	椭圆曲面创建	各步骤正确无误	8			
	2	其他3D创建	各步骤正确无误	8			
	3	创建车右端粗精车外圆工序	各步骤正确无误	8			
	4	创建车右端粗精车内圆工序	各步骤正确无误	8			
	5	创建右端车槽工序	各步骤正确无误	8			
	6	创建右端铣键槽工序	各步骤正确无误	8			
	7	创建右端铣扳手座工序	各步骤正确无误	8			
	8	创建右端钻孔工序	各步骤正确无误	8			
	9	创建车左端粗精车外圆工序	各步骤正确无误	3			
	10	创建左端粗精车内圆工序	各步骤正确无误	3			
	11	创建左端铣槽工序	各步骤正确无误	5			
	12	创建左端钻孔工序	各步骤正确无误	5			
	13	动态模拟确认刀轨	各步骤正确无误	5			
	14	后处理生成NC代码程序	程序正确无误	5			
	15	操作加工	按图检验加工质量	5			
	16	遵守规章制度、课堂纪律情况	遵守现场各项规章	5			
合计				100			

6.4　技术咨询

6.4.1　制定车铣复合加工工艺

6.4.1.1　选用车铣复合机床

有人称 XYZC 四轴车铣复合机床为车削中心。从其结构特点看，它是将普通数控车床的刀架换成具有 Y 轴进给功能的动力刀架而得到的。Y 轴和动力刀架集成在一起，如图 6-2 所示，这种刀架结构紧凑，既可以装夹车削固定刀具，也可以装夹旋转铣削刀具；既可以安装垂直刀具，也可以安装水平刀具。车削主轴由数控系统自动判别控制，亦称铣削回转轴 C。由于铣削系统的动力和刚度等有限，因此常以 XZ 两轴车削加工为主，以 XYZC 四轴铣削加工为辅，刀具无摆动功能，水平和垂直钻削刀轴不能连续转换，这类机床不能加工斜孔，XYZ 三轴可以联动，极坐标编程相对用得不多，回转轴 C 的动作可以减少，但机床的铣削成型功能较 XZC 还是增加了。由于自动或手动尾座不能自动换刀，常作为顶尖使用，很少用于加工。XYZC 四轴车铣复合机床如图 6-3 所示。

图 6-2　具有 Y 轴的动力刀架

图 6-3　XYZC 四轴车铣复合机床

尽管车铣复合机床兼有数控车削和五面数控镗铣功能，能显著降低装夹次数和增加零件加工种类等，还是要根据加工零件类型，综合考虑车铣类别侧重面等，以机床的结构形式、联动轴数、行程、刀柄结构及数控系统等为主要参数进行选择。构建能自动判断是车加工还是铣加工、是定位加工还是联动加工等的车铣复合加工后处理器比较复杂，最好配置可以编辑的后处理器。车铣复合机床的数控系统比较特殊，要求同一套系统能实现车、铣自动转换，不仅在建构后处理器时需要此数据系统，由于多种加工交织在一起，易于出现碰撞干涉，因此在进行 VERICUT 等仿真加工时，也需要配置数控系统。要编好程序，更要熟悉数控系统的编程功能。

6.4.1.2　编制车铣复合加工工艺原则

车铣复合加工要在常规工艺原则的基础上，充分发挥车铣复合机床的加工能力。在同一次装夹下，对于轴套类零件，常需要先车后铣，这样易于获得加工、测量基准，加工完一头后，掉头加工另一

71 椭球螺纹轴套车铣复合加工-项目介绍

头。如果两头都先车削加工完再反复掉头进行铣削加工，即铣加工和车加工在不同的装夹次数里进行，那么采用车铣复合机床加工的意义就不大了。而对于非轴套类零件，要根据具体零件具体分析。

6.4.2 孔加工固定循环

6.4.2.1 中心线孔加工固定循环

所谓中心线孔，是指孔轴线与轴类零件回转轴线重合的孔，这类孔最多只有一个孔系，在车削工序类型中有中心钻削 CENTERLINE_SPOTDRILL、标准钻削 CENTERLINE_DRILLING、孔口排屑渐进钻削 CENTERLINE_PECKDRILL、孔底断屑渐进钻削 CENTERLINE_BREAKCHIP、铰孔 CENTERLINE_REAMING 和攻丝循环 G84CENTERLINE_TAPPING 六种固定循环加工类型，【机床加工周期】输出固定循环指令，【已仿真】输出线性插补指令，刀轨创建简单方便。当然，进行中心线孔加工需要用水平动力刀具。

6.4.2.2 任意位置孔加工固定循环

（1）固定循环类型。

任意位置孔包括中心线上和非中心线上的轴端面孔、圆柱面上的孔等所有点到点加工的孔。由于孔位和刀轴具有多样性，因此需要以 drill 工序类型加工，可在工件几何体 WORKPIECE 上进行五面孔加工，但不能在车削工件几何体 TURNING_WORKPIECE 下进行五面孔加工。

在钻削工序类型中，常用十二种孔加工子类型，包括实心锪平 SPOT_FACING（标准钻：G81/G82）、中心钻 SPOT_DRILLING（标准钻：G81/G82）、钻孔 DRILLING（标准钻：G81/G82）、孔口排屑渐进钻削 PECK_DRILLING（标准钻、深孔：G83）、孔底断屑渐进钻削 BREAKCHIP_DRILLING（标准钻、断屑：G84）、镗孔 BORING（标准镗：G85）、铰孔 REAMING（标准钻：G81/G82）、沉孔锪平 COUNTERBORING（标准钻：G81/G82）、锪钻倒角 COUNTERSINKING（标准钻、埋头孔：G82）、攻丝 TAPPING（标准攻丝：G84）、螺旋铣孔 HOLE_MILLING 和铣螺纹 THREAD_MILLING。在设置对话框中可以重新选择这些子类型，既有一一对应的，也有按类别对应的，还有没有对应关系的，选择余地较大。对于不同数控系统，孔加工固定循环的指令代码大多不同，不过以 FANUC 系统为代表的诸类系统固定循环用 G 代码，且大多相同，其对应关系见前面的子类型后的括号注释，也有一些循环类型与子类型不对应的，具体如下。

啄钻：非输出固定循环指令的线性插补孔加工，近似孔口排屑渐进钻削固定动作。

断屑：非固定循环指令的线性插补孔加工，近似孔底断屑渐进钻削动作。

标准镗、快退：动作时序是工进、主轴停、快退、主轴转。

标准镗、横向偏置后快退：动作时序是工进、主轴定向、让刀、快退、定位、主轴转。

标准背镗：G87，动作时序是主轴定向、让刀、快进、定位、主轴转、工退。

标准镗、手工退刀：G88，动作时序是工进、主轴停，手动退刀，仅用于浮动镗。

无循环：不需要设置循环参数，仅设置几何参数和其他相关参数，深度偏置无效。输出非固定循环的线性加工指令，适用于无固定循环的后处理器，用于加工同类型、同尺寸、数量少的孔。动作循环是快速定位到孔口上方的安全平面，工进到孔底，快退到安全平面，快速定位到下一孔位。如果未设置孔底平面，那么用切削速度定位到下一孔。

（2）固定循环参数。

系统软件以工序为单位创建刀轨，工序内又只能用一种刀具，因此一道工序只能加工同类型、同直径的孔。但同类型、同直径的孔可能孔口平面高度和孔深不同，在指定孔的位置前，首先需要对这些孔进行分组，不同的组别依次用循环组-1、循环组-2、循环组-3、循环组-4、循环组-5 设置，最多允许划分 5 组，分别来设置各组统一的孔加工固定循环参数。

（3）刀轴。

五面定向加工，刀轴具有多样性，尽管与坐标轴平行、垂直的刀轴可选择坐标轴方向的刀轴，但常用垂直于部件表面（并且勾选圆弧的轴）作为刀轴，也可以用相对矢量的圆弧曲线的轴作为刀轴，这样宽泛性更好。

6.5　项目实施

6.5.1　编制加工工艺

1. 分析零件工艺性能

轴类零件的外轮廓带有椭圆二次曲面、圆柱面、圆弧面、空刀槽、圆柱螺纹等，最高精度 7 级，$Ra1.6$；内轮廓有圆孔、圆锥孔，最高精度 8 级、$Ra3.2$。右端内、外柱面间有同轴度要求，两轴联动车削加工。零件外圆柱面有键槽、扳手座平面、孔，零件左端有槽、孔，精度不高，分别需要水平铣刀和垂直铣刀铣削加工、钻削加工，还需要分度定位。

2. 确定加工方案

就车削而言，需要先装夹毛坯加工右端，再掉头装夹 $\phi50h7$ 外圆加工左端，需要装夹两次。右端内孔 $\phi30H8$ 毛坯底孔做穿，控制 $\phi30H8$ 孔深，使其大于 65，并和外圆一次装夹完成，保证同轴精度 $\phi0.025$；右端外轮廓包括 $\phi68$ 圆柱和其右端的所有部分，其余为左端部分。

选用四轴动力刀架车铣复合机床加工，先右端，先车后铣，再掉头，先车后铣，复合加工左端，两次装夹完成全部加工内容。生产任务，加工 1 件，尽量选用现有工艺装备，工艺附图如图 6-4 所示，制定工艺方案，如表 6-1 所示。

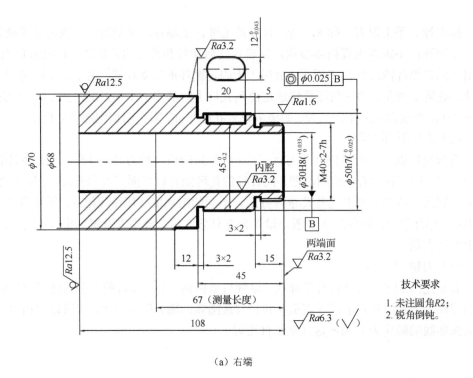

（a）右端

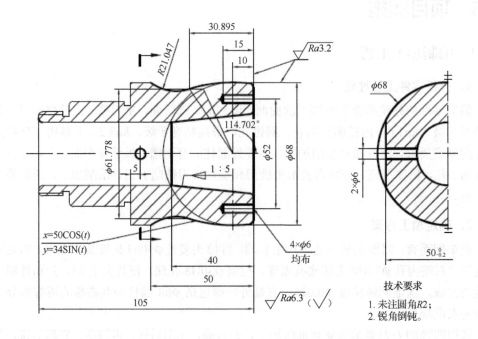

（b）左端

图 6-4　工艺附图

表 6-1 工艺方案

工 序	加 工 内 容	刀具（后置刀架）	转速（rpm）	进 给 量		背吃刀量（mm）
准备	毛坯：45 圆钢 φ70×110					
	加工设备：XYZC 四轴后置动力刀架车铣复合卧式机床，FANUC 数控系统					
	量具：游标卡尺 0～200±0.02mm、千分尺 0～50±0.001mm					
车铣右端	车端面：Ra3.2 达要求，保证掉头有端面加工余量	T0202R 外圆车刀、55° 菱形刀片反装，刀尖 R0.4、主偏角 95°，矩形刀柄 25×25	700	0.3	mm/r	1.5
	钻中心线孔：至 φ20	T0404R，φ20 钻头，水平刀具	300	90	mm/min	
	粗车右端外轮廓：M40×2+φ50h7+φ68 圆柱面轮廓 Ra6.3、径向余量 φ0.3、轴向余量 0.1	T0202R	700	0.3	mm/r	1.5
	粗镗右端孔：φ30H8Ra6.3，径向余量 φ0.3，轴向余量 0.1	T0505R 镗孔车刀、55° 菱形刀片反装，刀尖 R0.4、主偏角 90°，圆形刀柄 φ10	1600	0.3	mm/r	1
	精镗右端孔：φ30H8Ra3.2 达要求	T0505R	1600	0.2	mm/r	
	精车右端外轮廓：M40×2+φ50h7+φ68 圆柱面轮廓 Ra1.6 达要求	T0202R	700	0.2	mm/r	
	车槽：2 处 3×1、Ra6.3	T0808R，刃宽 2	900	0.1	mm/r	
	车螺纹：M27×2-7h、Ra6.3	T0101，60°牙型角	300	2	mm/r	1
	铣键槽：Ra6.3	T0303R，φ12 键槽铣刀，垂直	2500	250	mm/min	1
车铣左端	平端面：φ68 端面 Ra3.2，控制总长 105	T0212L 外圆车刀	700	0.3	mm/r	1.5
	粗车外轮廓：椭圆面+圆弧面 Ra6.3，径向余量 φ0.3、轴向余量 0.1	同上	同上	同上	同上	同上
	粗镗左端孔：锥孔 Ra6.3，径向余量 φ0.3、轴向余量 0.1	T0515L_镗孔车刀	1500	0.3	mm/r	1
	精镗左端孔：锥孔 Ra3.2	T0515L_镗孔车刀	1600	0.2	mm/r	
	精车左端外轮廓：轮廓达尺寸要求、Ra1.6	T0212L	700	0.2	mm/r	
	铣扳手座：2×Ra6.3	T0313L，φ12 钨钢键槽铣刀，垂直	2500	250	mm/min	1
	钻扳手座孔：2×φ6Ra6.3	T0606L，φ6 钻头，垂直	1500	150	mm/min	
	钻端面孔：2×φ6Ra6.3	T0707L，φ6 钻头，水平	1500	150	mm/min	

6.5.2　创建右端刀轨

1. 准备工作

1）创建三个模型

新建部件模型椭球螺纹固定套、车左端毛坯模型（体 31）、钻铣毛坯模型（体 29），如图 6-5 所示。创建车左端毛坯模型和钻铣毛坯模型的目的是使动态模拟、VERICUT 的视觉更加贴近实际，但创建时需要注意 WCS 坐标位置统一、毛坯余量均分等，否则会造成毛坯大距离偏移。

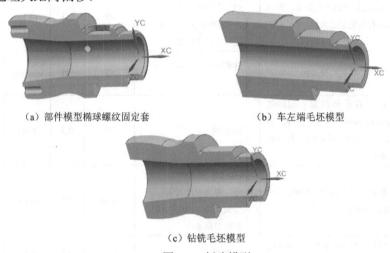

（a）部件模型椭球螺纹固定套　　　　　　　　　（b）车左端毛坯模型

（c）钻铣毛坯模型

图 6-5　创建模型

2）进入车削环境

【启动】→【加工】→【cam_general】→【turning】→【确定】→【保存】。

2. 创建几何体

1）创建加工坐标系

【几何视图】→双击【+MCS_SPINDLE】→【指定 MCS】→动态让 XM-YM-ZM 与 XC-YC-ZC 重合→【车床工作平面】→【指定平面】ZM-XM，并间隔单击两次【+MCS_SPINDLE】，重命名为【+MCS_SPINDLE_R】，表示零件右端，如图 6-6 所示。【细节】→【用途】主要→【装夹偏置】1。

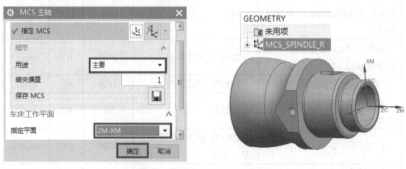

图 6-6　MCS_SPINDLE_R 坐标系

2）指定工件几何体

单击【+MCS_SPINDLE】中的"+"号→间隔单击两次【WORKPIECE】，重命名为【+WORKPIECE_R_车】→双击【+WORKPIECE_R_车】→【指定部件】屏选部件→【确定】→【指定毛坯】→【毛坯几何体】→【包容圆柱体】，如图6-7所示。

图6-7　指定工件几何体

3）设置车削工件几何体

单击【+WORKPIECE_R】中的"+"→将车削特有的车削工件几何体【TURNING_WORKPIECE】重命名为【TURNING_WORKPIECE_R】→双击【TURNING_WORKPIECE_R】，会出现车削工件对话框，进行设置，如图6-8所示，保存，鱼尾线框表示车削截面。

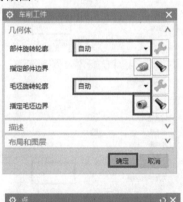

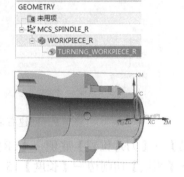

图6-8　设置车削工件几何体

3. 创建刀具

在车削【turning】环境下创建左（L）端车刀和右（R）端车刀。尽管 VERICUT 仿真软件车铣复合机床具有后置动力刀架，但刀片已设置反装，因此选"底侧刀片全部反装""主轴正转车削"。主轴正转加工，切削性能更好一些。可以在任意一种铣削环境下创建水平（H）钻铣、垂直（V）钻铣等动力刀具。尽量选用刀架上已有的刀具，以减少工作量。

（1）创建右端 95°主偏角外圆车刀。

【工序导航器】→【机床视图】→【创建刀具】→【类型】turning→【刀具子类型】第一排第五个→【名称】OD_55_L_95R0.4_T0202 右→【确定】，如图 6-9 所示。

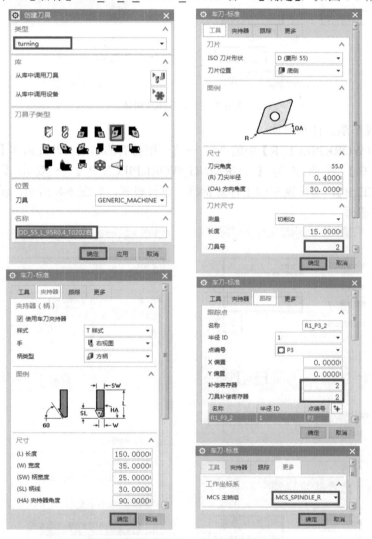

图 6-9　创建右端 95°主偏角外圆车刀

【工具】→【刀片位置】底侧→【(R)刀尖半径】0.4→【(OA)方向角度】30（=180-95-55）→【测量】切削边→【长度】15→【刀具号】2。外圆车刀与工件间的相对位置如图 6-10 所示。

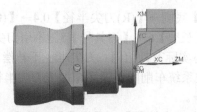

图 6-10　外圆车刀与工件间的相对位置

【夹持器】→【☑使用车刀夹持器】→【样式】T 样式→【手】右视图→【(HA)夹持器角度】90。夹持器即刀柄，不参与刀轨计算，但当整个刀具与实物相同时，可用于仿真干涉检验。

【跟踪】→【点编号】P3→【补偿寄存器】2→【刀具补偿寄存器】2。补偿寄存器、刀具补偿寄存器分别表示刀具长度、半径补偿寄存器编号。点编号就是刀位码。

【更多】→【工作坐标系】→【MCS 主轴组】MCS_SPINDLE_R→【确定】。车刀必须在所在加工坐标系下工作。

（2）创建右端 90°主偏角镗孔车刀。

【工序导航器】→【机床视图】→【创建刀具】→【类型】turning→【刀具子类型】第二排第二个→【名称】ID_55_L_90R0.4_T0505 右→【确定】，如图 6-11 所示。

图 6-11　创建右端 90°主偏角镗孔车刀

【工具】→【刀片位置】底侧→【(R)刀尖半径】0.4→【(OA)方向角度】270（=360-90）→【测量】切削边→【长度】6→【刀具号】5。不用刀尖半径补偿功能时，刀尖半径要参与刀轨计算，务必与实际刀具相同。刀尖半径不补偿，UG 计算时考虑刀尖半径而改变刀具路径，避免数控系统车削固定循环粗加工刀尖半径不补偿的缺陷，这也是车削采用自动编程的理由之一。

【夹持器】→【☑使用车刀夹持器】→【样式】C 样式→【手】右视图→【柄类型】圆柄→【HA 夹持器角度】0。样式、手和 HA 夹持器角度的选择需要依靠经验，有时不得不做出某些妥协，但要注意主偏角变化、刀柄倾斜碰撞干涉，必要时只能选择让用户定义刀柄，设计专用刀具。

【跟踪】→【点编号】P2→【补偿寄存器】5→【刀具补偿寄存器】5。

【更多】→【工作坐标系】→【MCS 主轴组】MCS_SPINDLE_R→【确定】。

（3）创建右端其他刀具。

创建右端其他刀具，如图 6-12 所示。

右端外切槽刀
【名称】OD_GROOVE_L_2_T0808 右
【刀片位置】底侧
【IL 刀片长度】20
【IW 刀片宽度】2
【刀具号】8
【样式】O
【手】右手
【柄类型】方柄
【W 宽度】25
【SW 柄宽度】25
【LE 刀片延伸】15
【刀具号】8
【点编号】P3
【补偿寄存器】8
【刀具补偿寄存器】8
【MCS 主轴组】MCS_SPINDLE_R

右端外螺纹车刀
【名称】OD_THREAD_L_T0101 右
【刀片位置】底侧
【IL 刀片长度】5
【IW 刀片宽度】2
【LA 左角】30、【RA 右角】30
【NR 半径】0.2、【TO 刀尖偏置】1
【刀具号】1
【点编号】P8
【补偿寄存器】1
【刀具补偿寄存器】1
【MCS 主轴组】MCS_SPINDLE_R

右端垂直键槽铣刀
【名称】MILL_D12R0_T0303R_V
【D 直径】12
【刀具号】3
【补偿寄存器】3
【刀具补偿寄存器】3

右端水平钻头
【名称】DRILLING_TOOL_D20_T0404 右_H　　【刀具号】4　　【补偿寄存器】4
【FL 刀刃长度】130　　【D 直径】20　　【L 长度】150

图 6-12　创建右端其他刀具

4．创建车右端面刀轨

1）创建工序

【工序导航器】→【几何视图】→【创建工序】→【类型】turning→【工序子类型】FACING，如图 6-13 所示。【刀具】OD_55_L_95R0.4_T0202 右→【几何体】TURNING_WORKPIECE_R→【方法】LATHE_FINISH→【名称】FACING_T0202R_V_R_FINISH→【确定】。

图 6-13　创建车削右端面工序

2）指定切削区域

【切削区域】→【轴向修剪平面 1】→【限制选项】点→【指定点】(XC,YC,ZC)=
(0,20,0)→【确定】→【确定】，如图 6-14 所示。

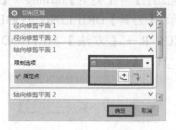

图 6-14　指定切削区域

3）设置非切削移动

【进刀】线性-自动→【退刀】线性-自动。将逼近、离开避让设置统一为同一个点
(XC,YC)=(5,40)，如图 6-15 所示。

图 6-15　设置非切削移动

4）设置进给率和速度

已创建好 VERICUT 四轴车铣复合仿真机床，后置刀架、刀片反装、主轴需要顺时针正转，输出 M03。【输出模式】RPM→【☑主轴速度】700→【□自动】顺时针→【切削】0.3→【确定】。

5）刀轨和 3D 动态模拟

刀轨和 3D 动态模拟结果如图 6-16 所示。

图 6-16　刀轨和 3D 动态模拟结果

5. 创建右端钻中心线孔刀轨

1）创建工序

【工序导航器】→【几何视图】→【创建工序】→【类型】turning→【工序子类型】CENTERLINE_PECKDRILL，如图 6-17 所示。【刀具】DRILLING_TOOL_D20_T0404 右_H→【几何体】TURNING_WORKPIECE_R→【方法】METHOD→【名称】CENTERLINE_PECKDRILL_D20_T0404 右_H→【确定】。

图 6-17　创建右端钻中心线孔工序及对话框设置

2）选择循环类型

【循环】钻、深→【输出选项】已仿真→【主轴停止】无。【主轴停止】表示孔底主轴停转，可仿真输出线性插补指令，其程序较长，但通用性好。

3）设置排屑方式

【排屑】→【增量类型】恒定→【恒定增量】10→【安全距离】1。

4）设置起点和深度

【起点和深度】→【距离】115→【参考深度】刀尖。

5）刀轨设置

【刀轨设置】→【安全距离】3→【驻留】无→【钻孔位置】在中心线上，如图 6-18 所示，驻留设置孔底是否暂停进给。

6）进给率和速度

【进给率和速度】→【输出模式】RPM→【☑主轴速度】300→【□自动】顺时针→【切削】90→【确定】。钻铣类动力刀具，要求主轴顺时针正转（M13）。M13 是所用机床钻铣类动力刀具的主轴转向指令。

7）刀轨与 3D 动态模拟

刀轨与 3D 动态模拟结果如图 6-19 所示。

图 6-18　刀轨设置

图 6-19　刀轨与 3D 动态模拟结果

6. 创建右端外轮廓粗车刀轨

1）创建工序

【工序导航器】→【几何视图】→【创建工序】→【类型】turning→【工序子类型】ROUGH_TURN_OD，如图 6-20 所示。【刀具】OD_55_L_95R0.4_T0202 右→【几何体】TURNING_WORKPIECE_R→【方法】LATHE_ROUGH→【名称】ROUGH_TURN_OD_T0202R_ROUGH→【确定】。

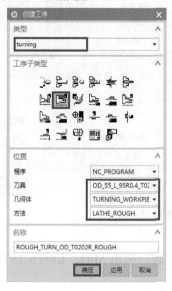

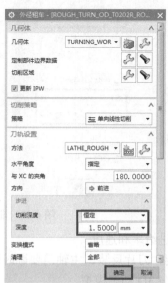

图 6-20　创建工序

2）指定切削区域

【切削区域】→【轴向修剪平面 1】→【限制选项】点→【☑指定点】(XC,YC,ZC)=(-60,34,0)→【确定】→【确定】，如图 6-21 所示，60=45+(105-45-50)+5。

图 6-21　指定切削区域

3）设置切削参数

若没有砂轮越程槽，则是否勾选允许底切都不起作用；圆形拐角半径 0.25，去毛刺，并为精加工均厚余量。常柱面余量大于轴阶余量，以防止凹凸轮廓多切或少切。【恒定】0.3→【面】0.1→【径向】0.3。

4）设置非切削移动

设置为光滑过渡圆弧-自动进刀切入，切出不存在光滑连接问题，采用线性-自动进刀过渡，延伸距离为 2，防止毛坯大碰撞干涉，将逼近、离开避让设置统一为同一个点(XC,YC)=(5,40)，如图 6-22 所示。

图 6-22　非切削移动设置

5）设置进给率和速度

后置刀架、刀片反装、主轴需要顺时针反转，输出 M03，如图 6-23 所示。

6）刀轨与 3D 动态模拟

刀轨与 3D 动态模拟结果如图 6-24 所示。

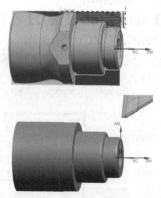

图 6-23　设置进给率和速度　　　　　图 6-24　刀轨与 3D 动态模拟结果

7. 创建右端粗镗刀轨

1）创建工序

【工序导航器】→【几何视图】→【创建工序】→【类型】turning→【工序子类型】ROUGH_BORE_ID，如图 6-25 所示。【刀具】ID_55_L_90R0.4_T0505 右→【几何体】TURNING_WORKPIECE_R→【方法】LATHE_ROUGH→【名称】ROUGH_BORE_ID_T0505R_ROUGH→【确定】。

图 6-25　创建工序对话框

2）确定切削区域

【切削区域】→【轴向修剪平面 1】→【指定点】WCS(XC,YC,ZC)=(-108,0,0)→【确定】→【确定】。

3）设置切削参数

【余量】→【恒定】0.3→【面】0.1→【径向】0.3。

4）设置非切削移动

【进刀】圆弧-自动→【进刀】线性-自动，设置非切削移动如图 6-26 所示，将所有点设为 WCS(XC,YC,ZC)=(5,10,0)。

图 6-26　设置非切削移动

5）设置进给率和速度

后置刀架、刀片反装、主轴需要顺时针正转，输出 M03，如图 6-27 所示。

6）刀轨与 3D 动态模拟

刀轨与 3D 动态模拟结果如图 6-28 所示。

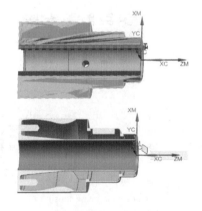

图 6-27　设置进给率和速度　　　　图 6-28　刀轨与 3D 动态模拟结果

8. 创建右端精镗刀轨

1）创建工序

【工序导航器】→【几何视图】→【创建工序】→【类型】turning→【工序子类型】FINISH_BORE_ID，如图 6-29 所示。【刀具】ID_55_L_90R0.4_T0505 右→【几何体】TURNING_WORKPIECE_R→【方法】LATHE_FINISH→【名称】FINISH_BORE_ID_T0505R_FINISH→【确定】。

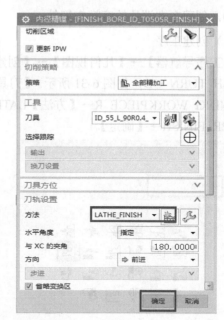

图 6-29　创建工序

2）设置切削区域

【切削区域】→【轴向修剪平面 1】→【指定点】WCS(XC,YC,ZC)=(−108,0,0)→【确定】→【确定】，同粗加工。

3）刀轨设置

勾选☑省略变换区。

4）设置切削参数

【余量】→【恒定】0.3→【面】0.1→【径向】0.3。

5）设置非切削移动

【进刀】圆弧-自动→【进刀】线性-自动，将所有点设为 WCS(XC,YC,ZC)=(5,10,0)，同粗加工。

6）设置进给率和速度

【进给率和速度】→【输出模式】RPM→【☑主轴转速】1600→【方向】→【□自动】顺时针→【切削】0.2→【确定】。

7）刀轨与 3D 动态模拟

刀轨与 3D 动态模拟结果如图 6-30 所示。

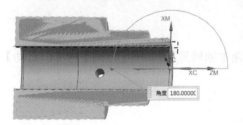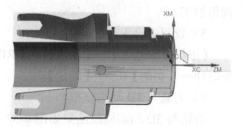

图 6-30　刀轨与 3D 动态模拟结果

9. 创建车右端外轮廓精车刀轨

1）创建工序

【工序导航器】→【几何视图】→【创建工序】→【类型】turning→【工序子类型】
FINISH_TURN_OD，如图6-31所示。【刀具】OD_55_L_95R0.4_T0202右→【几何体】
TURNING_WORKPIECE_R→【方法】LATHE_FINISH→【名称】FINISH_TURN_OD_
T0202R_FINISH→【确定】。

图6-31　创建工序

2）设置切削区域

【切削区域】→【轴向修剪平面1】→【指定点】WCS(XC,YC,ZC)=(-60,34,0)→【确定】→【确定】，同粗加工。

3）刀轨设置

勾选☑省略变换区。

4）设置非切削移动

【进刀】圆弧-自动→【进刀】线性-自动，将所有点设为WCS(XC,YC,ZC)=(5,40,0)，同粗加工。

5）设置进给率和速度

【进给率和速度】→【输出模式】RPM→【☑主轴转速】700→【方向】→【□自动】顺时针→【切削】0.2→【确定】。

6）刀轨与3D动态模拟

刀轨与3D动态模拟结果如图6-32所示。

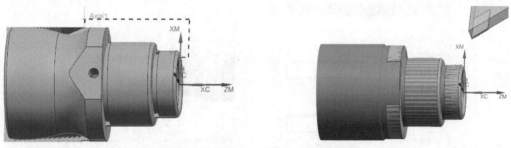

图 6-32　刀轨与 3D 动态模拟结果

10. 创建车右端外槽刀轨

1）大槽

（1）创建工序。【工序导航器】→【几何视图】→【创建工序】→【类型】turning→
【工序子类型】GROOVE_OD，如图 6-33 所示。【刀具】OD_GROOVE_L_2_T0808 右→
【几何体】TURNING_WORKPIECE_R →【方法】LATHE_GROOVE →【名称】
GROOVE_OD_T0808 右_大→【确定】。

图 6-33　创建车右端外槽刀轨

【方向】反向，其目的是先加工高轴阶侧，后加工低轴阶侧，防止抬刀碰撞干涉。

（2）选择切削区域。【切削区域】→【轴向修剪平面 1】→【限制选项】点→【指定
点】屏选槽底左侧线端→【确定】→【轴向修剪平面 2】→【限制选项】点→【指定点】
屏选槽底右侧线端→【确定】，如图 6-34 所示。也可以直接编辑点的坐标值。

图 6-34　选择切削区域

（3）设置切削参数。【切削参数】→【策略】→【粗切削后驻留】无→【确定】。

（4）设置非切削移动。将进刀、退刀均设为线性-自动。将逼近、离开避让设置统一为同一点 WCS(XC,YC,ZC)=(5,40,0)，如图 6-35 所示。

图 6-35　设置非切削移动

（5）设置进给率和速度。【进给率和速度】→【输出模式】RPM→【☑主轴转速】900→【方向】→【□自动】顺时针→【切削】0.1→【确定】。

（6）刀轨与 3D 动态模拟。刀轨与 3D 动态模拟结果如图 6-36 所示。

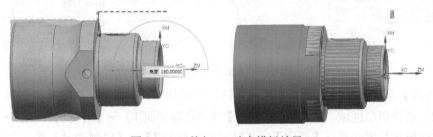

图 6-36　刀轨与 3D 动态模拟结果

2）小槽

复制、粘贴 GROOVE_OD_T0808 右_大→修改为 GROOVE_OD_T0808 右_小→双

击 GROOVE_OD_T0808 右_小。

【切削区域】→【轴向修剪平面 1】→【限制选项】点→【指定点】屏选槽底左侧线端 WCS(-12,18,0)→【确定】→【轴向修剪平面 2】→【限制选项】点→【指定点】屏选槽底右侧线端 WCS(-15,18,0)→【确定】。

【生成】→【确定】→【播放】→【确定】→【确定】。

11. 创建车右端外螺纹刀轨

1）创建工序

【创建工序】→【类型】turning→【工序子类型】THREAD_OD，如图 6-37 所示。【刀具】OD_THREAD_L_T0101 右→【几何体】TURNING_WORKPIECE_R→【方法】LATHE_THREAD→【名称】THREAD_OD_T0101 右→【确定】。

2）设置螺纹形状

【选择顶线(1)】屏选螺纹顶线左端，既选择了顶线，又选择了起点→【深度选项】→【深度和角度】→【深度】1.3（=0.65×2）→【与 XC 的夹角】180，根据四向一置配置，设置 F 顺车。

3）设置偏置

这里的偏置就是经常说的螺纹空刀导入量、导出量，空刀导入量≥2P，终止偏置时空刀导出量≥0.5P，这里退刀槽窄，【起始偏置】6（考虑到倒角）→【终止偏置】1。

4）刀轨设置

【切削深度】剩余百分比→【剩余百分比】30→【最大距离】3→【最小距离】0.03→【螺纹头数】1。

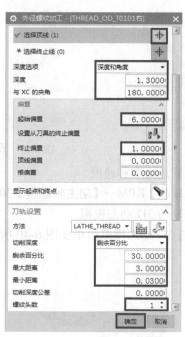

图 6-37　创建车右端外螺纹刀轨

5）设置切削参数

【螺距】→【螺距选项】螺距→【螺距变化】恒定→【距离】2→【附加刀路】→【刀路数】2→【增量】0.015→【确定】，如图 6-38 所示。附加刀路用于精加工。

图 6-38　设置切削参数

6）设置非切削移动

【进刀】圆弧-自动→【退刀】圆弧-自动。将逼近、离开避让设置统一为同一个点 (XC,YC)=(5,40)，如图 6-39 所示。

图 6-39　设置非切削移动

7）设置进给率和速度

【输出模式】RPM→【☑主轴速度】300→【□自动】逆时针→【切削】2→【确定】。

8）刀轨与 3D 动态模拟

刀轨与 3D 动态模拟结果如图 6-40 所示。

图 6-40　刀轨与 3D 动态模拟结果

12．创建右端垂直刀具铣键槽刀轨

1）创建铣削工件几何体

【创建几何体】→【类型】mill_planar→【几何体子类型】WORKPIECE→【几何体】MCS_SPINDLE_R→【名称】WORKPIECE_R_铣→【确定】，如图 6-41 所示。

图 6-41　创建铣削工件几何体

【指定部件】屏选部件（同车）→【指定毛坯】屏选铣毛坯（体 29）→【确定】。

2）创建铣键槽工序

【工序导航器】→【几何视图】→【创建工序】→【类型】mill_planar→【工序子类型】FACE→【刀具】MILL_D12R0_T0303R_V→【几何体】WORKPIECE_R_铣→【方法】METHOD→【名称】FACE_MILLING_D12R0_T0303R_键槽_V→【确定】，如图 6-42 所示。

图 6-42　创建铣键槽工序

3）指定毛坯边界

【指定毛坯边界】→【毛坯边界】→【边界】→【刀具侧】内部→【刨】自动→屏选键槽底面→【确定】，如图 6-43 所示，刀具侧指刀具的加工区域。

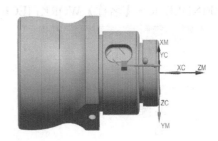

图 6-43　指定毛坯边界

4）指定刀轴

【刀轴】→【轴】垂直于第一个面。实际上是垂直刀轴，但最好不要选择+XM，选择垂直于第一个面，宽泛性会更好一些。垂直于第一个面实际上就是指选定的那个与刀轴垂直的铣削平面，不是斜面。

5）设置切削参数

（1）切削模式。【切削模式】选择往复、跟随周边、跟随部件均可→【毛坯距离】5→【每刀切削深度】1。

（2）切削参数。【设置】→【策略】→【与 XC 的夹角】180→【确定】。

（3）非切削移动。【非切削移动】→【进刀】封闭区域→【进刀类型】插削→【退刀】→【退刀类型】与进刀相同→【转移/快速】→【安全设置选项】自动平面→【安全距离】3。

【避让】→当【出发点】【起点】【返回点】指定为同一点，即 WCS(5,40,0)。

【进给率和速度】→【☑主轴转速】2500→【切削】250→【确定】。

6）刀轨与 3D 动态模拟

刀轨与 3D 动态模拟结果如图 6-44 所示。

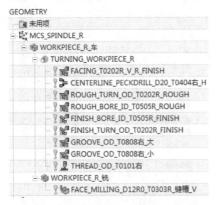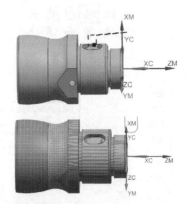

图 6-44　刀轨与 3D 动态模拟结果

6.5.3　创建左端刀轨

1．创建几何体

1）创建加工坐标系

复制、粘贴 +MCS_SPINDLE_R→修改为 +MCS_SPINDLE_L→双击【+MCS_SPINDLE_L】→【指定 MCS】→动态让 XM-YM-ZM 与 XC-YC-ZC 重合→【车床工作平面】→【指定平面】ZM-XM→【细节】→【用途】主要→【装夹偏置】2，如图 6-45 所示。

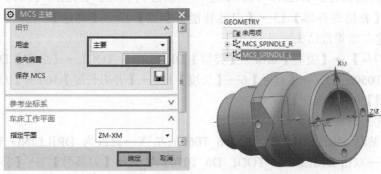

图 6-45　MCS_SPINDLE_L 坐标系

2）指定工件几何体

单击【+MCS_SPINDLE_L】中的"+"号→间隔单击两次【WORKPIECE】，重命名为【+WORKPIECE_L_车】→双击【+WORKPIECE_L_车】→【指定部件】→屏选部件→【确定】→【指定毛坯】几何体→屏选车左端模型（体 31）。

3）指定车削工件几何体

单击【+WORKPIECE_L_车】中的"+"→将车削特有的车削工件几何体【TURNING_WORKPIECE_R】重命名为【TURNING_WORKPIECE_L】→双击【TURNING_WORKPIECE_L】，会出现车削工件对话框，如图 6-46 所示，鱼尾线框表示车削截面。

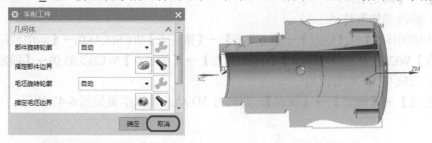

图 6-46　指定车削工件几何体

2．创建刀具

1）创建左端 95°主偏角外圆车刀

复制、粘贴 OD_55_L_95R0.4_T0202 右→修改为 OD_55_L_T0212 左→双击 OD_55_L_T0212 左→修改为 OD_55_L_T0212 左→【跟踪】→【补偿寄存器】12→【刀

具补偿寄存器】12→【更多】→【工作坐标系】→【MCS 主轴组】MCS_SPINDLE_L→【确定】。

2）创建左端 90°主偏角镗孔车刀

复制、粘贴 ID_55_L_90R0.4_T0505 右→修改为 ID_55_L_90R0.4_T0515 左→【跟踪】→【补偿寄存器】15→【刀具补偿寄存器】15→【更多】→【工作坐标系】→【MCS 主轴组】MCS_SPINDLE_L→【确定】。

3）创建左端垂直立铣刀

复制、粘贴 MILL_D12R0_T0303 右_V→修改为 MILL_D12R0_T0313 左_V 左→【跟踪】→【补偿寄存器】13→【刀具补偿寄存器】13→【确定】。

4）创建左端垂直钻头

【创建刀具】→【类型】drill→【类型】DRILLING_TOOL→【名称】DRILLING_TOOL_D6_T0606 左_V→【直径】6→【长度】150→【刀刃长度】100→【刀具号】6→【补偿寄存器】6→【确定】。

5）创建左端水平钻头

复制、粘贴 DRILLING_TOOL_D6_T0606 左_V→修改为 DRILLING_TOOL_D6_T0707 左_H→双击 DRILLING_TOOL_D6_T0707 左_H→【刀具号】7→【补偿寄存器】7→【确定】。

3．创建车左端面刀轨

1）修改工序名

修改 FACING_T0202R_V_R_FINISH_COPY 为 FACING_T0212L_FINISH。

2）修改刀具

双击 FACING_T0212L_FINISH→【工具】OD_55_L_T0212 左。

3）修改切削区域

【切削区域】→【轴向修剪平面1】→【限制选项】点→【指定点】WCS(0,34,0)→【确定】→【确定】。

4）修改非切削移动

【非切削移动】→【逼近】→【出发点】→【指定点】WCS(5,45,0)→【运动到起点】→【指定点】WCS(5,45,0)→【离开】→【离开点】→【指定点】WCS(5,45,0)→【确定】。

5）刀轨与 3D 动态模拟

【生成】→【确定】→【保存】，刀轨与 3D 动态模拟结果如图 6-47 所示。

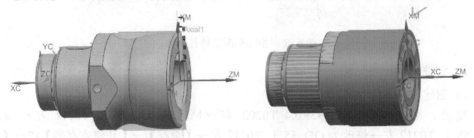

图 6-47　刀轨与 3D 动态模拟结果

4．创建左端外轮廓粗车刀轨

1）修改工序名

修改 ROUGH_TURN_OD_T0202R_ROUGH_COPY 为 ROUGH_TURN_OD_T0212L_ROUGH。

2）修改刀具

双击 ROUGH_TURN_OD_T0212L_ROUGH→【工具】OD_55_L_T0212 左。

3）修改切削区域

【切削区域】→【轴向修剪平面 1】→【限制选项】点→【指定点】WCS(-51,34,0)→【确定】→【确定】。

4）修改变换模式

【变换模式】根据层。

5）修改非切削移动

【非切削移动】→【退刀】线性-自动→【逼近】→【出发点】→【指定点】WCS(5,45,0)→【运动到起点】→【指定点】WCS(5,45,0)→【离开】→【离开点】→【指定点】WCS(5,45,0)→【确定】。

6）刀轨与 3D 动态模拟

【生成】→【确定】→【保存】，刀轨与 3D 动态模拟结果如图 6-48 所示。

图 6-48　刀轨与 3D 动态模拟结果

5．创建左端粗镗孔刀轨

1）修改工序名

修改 ROUGH_BORE_ID_T0505R_ROUGH_COPY 为 ROUGH_BORE_ID_T0515L_ROUGH。

2）修改刀具

双击 ROUGH_BORE_ID_T0515L_ROUGH→【工具】ID_55_L_90R0.4_T0515 左。

3）修改切削区域

【切削区域】→【轴向修剪平面 1】→【限制选项】点→【指定点】WCS(-41,15,0)→【确定】→【确定】。

4）修改非切削移动

【非切削移动】→【逼近】→【出发点】→【指定点】WCS(5,10,0)→【运动到起点】→【指定点】WCS(5,10,0)→【离开】→【离开点】→【指定点】WCS(5,10,0)→【确定】。

5）生成刀轨

【生成】→【确定】→【保存】，刀轨和 3D 动态模拟结果如图 6-49 所示。

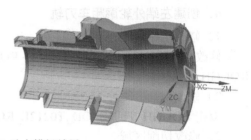

图 6-49 刀轨和 3D 动态模拟结果

6. 创建左端精镗孔刀轨

1）修改工序名

修改 FINISH_BORE_ID_T0505R_FINISH_COPY 为 FINISH_BORE_ID_T0515L_FINISH。

2）修改刀具

双击 FINISH_BORE_ID_T0515L_FINISH→【工具】ID_55_L_90R0.4_T0515 左。

3）修改切削区域

【切削区域】→【轴向修剪平面 1】→【限制选项】点→【指定点】WCS(-41,15,0)→【确定】→【确定】。

4）修改非切削移动

【非切削移动】→【逼近】→【出发点】→【指定点】WCS(5,10,0)→【运动到起点】→【指定点】WCS(5,10,0)→【离开】→【离开点】→【指定点】WCS(5,10,0)→【确定】。

5）生成刀轨

【生成】→【确定】→【保存】，刀轨和 3D 动态模拟结果如图 6-50 所示。

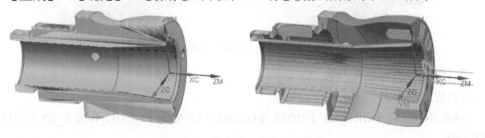

图 6-50 刀轨和 3D 动态模拟结果

7. 创建左端外轮廓精车刀轨

1）修改工序名

修改 FINISH_TURN_OD_T0202R_FINISH_COPY 为 FINISH_TURN_OD_T0212L_FINISH。

2）修改刀具

双击 FINISH_TURN_OD_T0212L_FINISH→【工具】OD_55_L_T0212 左。

3）修改切削区域

【切削区域】→【轴向修剪平面 1】→【限制选项】点→【指定点】WCS(-51,34,0)→【确定】→【确定】。

4）修改非切削移动

【非切削移动】→【退刀】线性-自动→【逼近】→【出发点】→【指定点】WCS(5,45,0)→【运动到起点】→【指定点】WCS(5,45,0)→【离开】→【离开点】→【指定点】WCS(5,45,0)→【确定】。

5）生成刀轨

【生成】→【确定】→【保存】，刀轨和3D动态模拟结果如图6-51所示。

图6-51 刀轨和3D动态模拟结果

8．创建左端铣削工件几何体

修改 WORKPIECE_R_铣_COPY 为 WORKPIECE_L_铣，实际上这两者的部件和毛坯相同，只是位置和用途不同。

9．创建垂直刀具铣扳手座刀轨

1）修改工序名

复制、粘贴 FACE_MILLING_D12R0_T0303R_键槽_V_COPY→修改为 FACE_MILLING_D12R0_T0313L_铣扳手座_V。

2）修改刀具

双击 FACE_MILLING_D12R0_T0313L_铣扳手座_V→【刀具】MILL_D12R0_T0313左_V。

3）指定面边界

【指定面边界】→【删除】列表→屏选铣扳手座底面→【确定】。

4）刀轨设置

【毛坯距离】4→【确定】。

5）修改非切削移动

【非切削移动】→【逼近】→【出发点】→【指定点】WCS(5,0,-45)→【运动到起点】→【指定点】WCS(5,0,-45)→【离开】→【离开点】→【指定点】WCS(5,0,-45)。

【转移/快速】→【安全设置选项】→【安全距离】10→【确定】。

6）生成变换及3D动态模拟刀轨

【生成】→【确定】→【确定】→【确定】→【保存】→【右击】FACE_MILLING_D12R0_T0313L_铣扳手座_V→【对象】→【变换】→【类型】绕直线选择→屏选水平蓝色粗体箭头→【指定点】屏选柱体圆心→【角度】180→【⊙实例】→【实例数】1→【确定】。

10．创建垂直刀具钻削扳手座孔刀轨

1）创建工序

【工序导航器】→【几何视图】→【创建工序】→【类型】drill→【工序子类型】DRILLING→【刀具】DRILLING_TOOL_D6_T0606 左_V→【几何体】WORKPIECE_L_铣→【方法】METHOD→【名称】DRILLING_D6_T0606L_V_扳手座孔→【确定】，如图 6-52 所示。

图 6-52　创建垂直刀具钻削扳手座孔刀轨

2）指定孔

【指定孔】→【选择】→【一般点】屏选孔口圆心(XC,YC,ZC)=(-55,0,30)→【确定】→【确定】→【确定】，如图 6-53 所示。

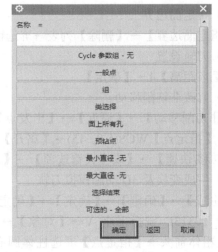

图 6-53　指定孔

图 6-53 指定孔（续）

3）指定顶面

【顶面】→屏选孔口所在平面→【确定】，如图 6-54 所示。

图 6-54 指定顶面

4）指定底面

【底面】→屏选孔底内圆柱面→【确定】，如图 6-55 所示。

图 6-55 指定底面

5）指定刀轴

【刀轴】→【循环】无循环→【☑用圆弧的轴】。

6）指定循环类型

【循环类型】→【循环】无循环→【最小安全距离】3。

7）指定避让

【避让】→【Start Point-无】→【指定】(XC,YC,ZC)=(5,0,45)→【确定】→【确定】，如图 6-56 所示。

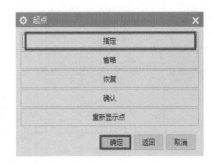

图 6-56　指定避让

【Return Point-无】→【指定】(XC,YC,ZC)=(5,0,45)→【确定】→【确定】。

8）进给率和速度

【进给率和速度】→【☑主轴转速】2500→【切削】250→【确定】。

9）刀轨与 3D 动态模拟结果

【生成】→【确定】→【确定】→【确定】→【保存】→【右击】DRILLING_D6_T0606L_V_扳手座孔→【对象】→【变换】→【类型】绕直线选择→屏选水平蓝色粗体箭头→【指定点】屏选柱体圆心→【角度】180→【⊙实例】→【实例数】1→【确定】，刀轨与 3D 动态模拟结果如图 6-57 所示。

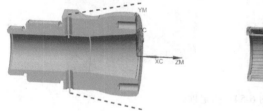
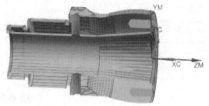

图 6-57　刀轨与 3D 动态模拟结果

11. 创建水平刀具钻削端面孔刀轨

1）创建基准平面

【建模】→【基准平面】→【类型】按某一距离→【选择平面对象】屏选孔口平面→【偏置】→【距离】16.7→【反向】朝向孔底方向→【确定】，如图 6-58 所示。

图 6-58　创建基准平面

切换到加工环境：【加工】→【保存】。

2）修改工序名

复制、粘贴 DRILLING_D6_T0606L_V_扳手座孔_COPY→修改为 DRILLING_D6_T0707L_H_端面孔→【双击】DRILLING_D6_T0707L_H_端面孔。

3）指定孔

【指定孔】→【点到点几何体】→【选择】→【是】→【一般点】→顺序屏选四个端面孔心→【确定】→【确定】→【规划完成】，如图 6-59 所示。

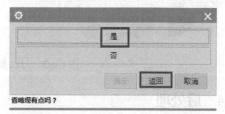

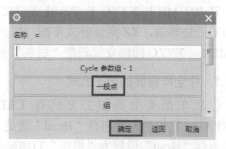

图 6-59　指定孔

4）指定顶面

【指定顶面】→屏选孔口所在平面→【确定】。

5）指定底面

【指定底面】→屏选表示孔底面的基准平面→【确定】。

6）修改刀具

【工具】→【刀具】DRILLING_TOOL_D6_T0707 左_H。

7）指定刀轴

【刀轴】→【循环】无→【☑用圆弧的轴】。

8）指定循环类型

【循环类型】→【循环】无循环。

9）指定避让

【避让】→【Start Point-无】→【指定】(XC,YC,ZC)=(5,26,0)→【确定】→【确定】。

10）刀轨及 3D 动态模拟

【生成】→【确定】→【确定】→【保存】。刀轨及 3D 动态模拟结果如图 6-60 所示。

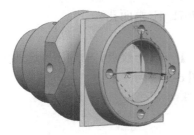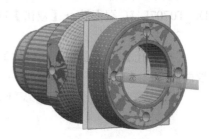

图 6-60   刀轨及 3D 动态模拟结果

6.5.4   后处理

TURN_MILL_XZYC_F_T0101 是 XZYC 四轴车铣复合、FANUC 系统、后置式动力刀架后处理器，XZ 两轴卧式车削"机头"是 TURN，XYZC 四轴卧式铣削"机头"是 MILL，XYZC 四轴立式铣削"机头"是 DRILL。

1. 补全所需要的加工方式

已用车削类型的加工方式有 LATHE_FINISH、LATHE_GROOVE、LATHE_THREAD，它们的开始事件"Head"就是"机头"TURN，即通过把挂在加工方式上的开始事件"Head"设置为"机头"TURN 来调用 TURN_MILL_XZYC_F_T0101 中的车削后处理器，进行车削后处理。创建铣削、钻削类型的加工方式。

1）创建水平钻削加工方法

【加工方法视图】→【创建方法】→【类型】drill→【方法】METHOD→【名称】→DRILL_METHOD_H→【确定】→【确定】。

2）创建中心线孔水平钻削加工方法

【加工方法视图】→间隔单击 LATHE_CENTERLING→修改为 LATHE_CENTERLINE_DRILL_H，修改的目的是让加工方式的名称更有标志性和提示性。

3）创建垂直钻削加工方法

【加工方法视图】→【创建方法】→【类型】drill→【方法】METHOD→【名称】→DRILL_METHOD_V→【确定】→【确定】。

4）创建垂直铣削加工方法

【加工方法视图】→【创建方法】→【类型】mill_planar→【方法】METHOD→【名称】MILL_METHOD_V→【确定】→【确定】。

需要特别说明的是，新建加工方式中的加工余量等必须与工序中设置的相同。

2. 将各工序内部粘贴在相应的加工方式下

有的工序在创建时就在其加工方式下了，对于一些新创建的加工方式，需要将相应的工序剪切、内部粘贴在其加工方式下，相互对应，不能搞错，如图 6-61 所示。

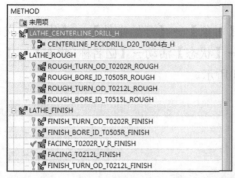

图 6-61　将各工序内部粘贴在相应的加工方式下

3. 在开始事件中挂机头

带"+"的加工方式下都有工序，均需要在开始事件中挂机头。"_H"的机头都是 MILL，"_V"的机头都是 DRILL，其余的机头是 TURN。

1）水平钻铣工序连接 MILL

【选择】"……_H"→【右击】→【对象】→【开始事件】→【用户定义事件】→【可用事件】Head→【添加新事件】→【状态】活动→【☑名称 状态】→【名称】MILL→【确定】→【确定】，如图 6-62 所示。

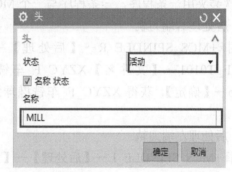

图 6-62　水平钻铣工序连接 MILL

2）垂直钻铣工序连接 DRILL

【选择】"……_V"→【右击】→【对象】→【开始事件】→【用户定义事件】→【可用事件】Head→【添加新事件】→【状态】活动→【☑名称 状态】→【名称】DRILL→【确定】→【确定】，如图 6-63 所示。

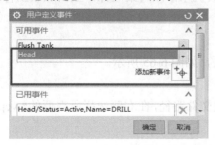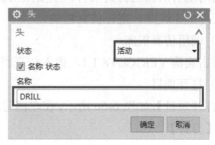

图 6-63　垂直钻铣工序连接 DRILL

3）其余车削工序连接 TURN

【选择】"LATHE_……"→【右击】→【对象】→【开始事件】→【用户定义事件】→【可用事件】Head→【添加新事件】→【状态】活动→【☑名称 状态】→【名称】TURN→【确定】→【确定】，如图 6-64 所示。

 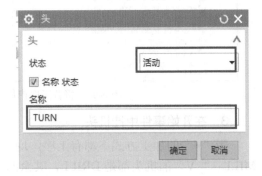

图 6-64　其余车削工序连接 TURN

4．后处理刀轨

一次装夹用一条程序，一条程序与一个 MCS_SPINDLE 坐标系对应。

1）后处理右端刀轨

选择+MCS_SPINDLE_R→【后处理】→【浏览查找处理器】TURN_MILL_XZYC_F_T0101→【文件名】XZYC_F_车铣椭球螺纹固定轴套_R→【文件扩展名】.ptp→【确定】，获得 XZYC_F_车铣椭球螺纹固定轴套_R.ptp，经分析，程序结构正确。

2）后处理左端刀轨

选择+MCS_SPINDLE_L→【后处理】→【浏览查找处理器】TURN_MILL_XZYC_F_T0101→【文件名】XZYC_F_车铣椭球螺纹固定轴套_L→【文件扩展名】.ptp→【确定】，获得 XZYC_F_车铣椭球螺纹固定轴套_L.ptp，经分析，程序结构正确。

6.5.5　仿真加工

调用现有的相近仿真项目。主要采用仿真机床修改刀架文件，重新加载工件毛坯，添加工件加工程序，进行仿真检验。

1）调用仿真机床

双击桌面 VERICUT8.1.1，进入仿真首页，如图 6-65 所示。

2）打开项目

【打开项目】，如图 6-66 所示，在左侧寻找文件路径，在右侧选择所需要的*.vcproject 文件，【打开】。

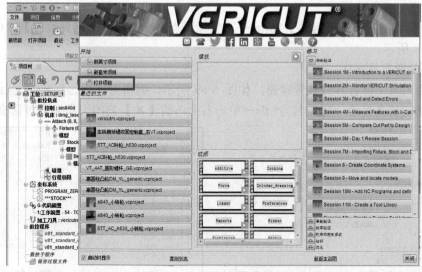

图 6-65　VERCUT 仿真首页

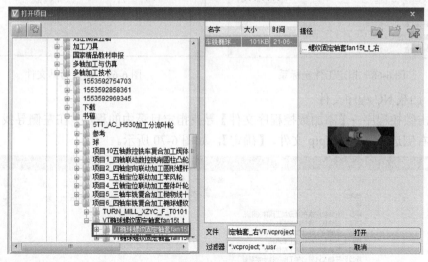

图 6-66　打开项目

3）装夹毛坯

【显示机床组件】→点开【Stock】模型→右击删除原有毛坯→右击【添加模型】→【类型】圆柱→【高】110→【半径】35，如图 6-67 所示。

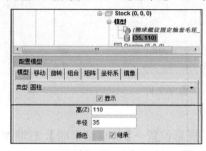

图 6-67　装夹毛坯

4）指定工件坐标系

【G_代码偏置】→【组件】Turret→【坐标原点】MCS→【平移到位置】(0 0 91.5)，如图 6-68 所示。

5）配置刀具文件

双击刀具文件打开刀具管理器，如图 6-69 所示，编辑刀具，达到要求之后，保存文件到指定仿真目录，文件名为*.tls→单击右上角的【✖】关闭刀具编辑对话框。

图 6-68　指定工件坐标系　　　　　　　　　图 6-69　配置刀具文件

6）加载 NC 程序文件

右击数控程序→【添加数控程序文件】寻找指定目录中的程序，在左侧寻找文件路径，在右侧选择需要的*.ptp 文件，【确定】，如图 6-70 所示。

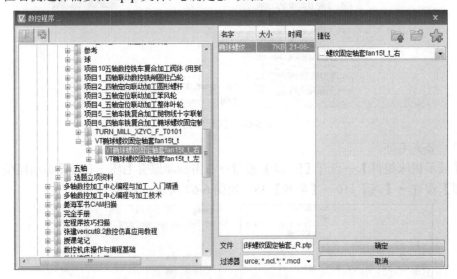

图 6-70　加载 NC 程序文件

7）加工

【重置模型】→调整机床到便于观察加工的屏幕位置→【仿真到末端】，右端 VERCUT 仿真加工结果和左端 VERCUT 仿真加工结果如图 6-71 和图 6-72 所示。

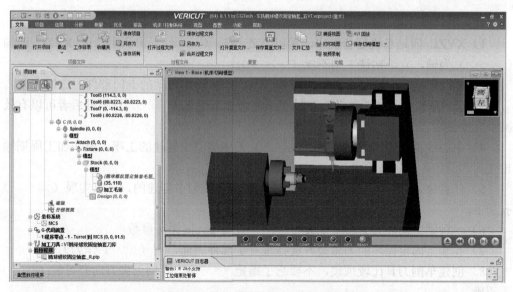

图 6-71 右端 VERCUT 仿真加工结果

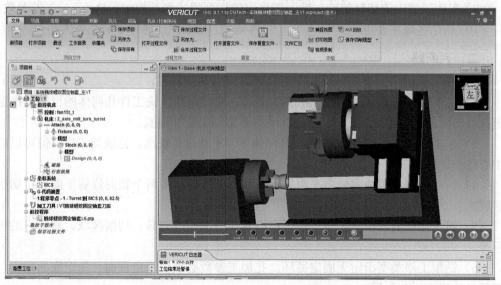

图 6-72 左端 VERCUT 仿真加工结果

6.6 考核与提高

通过做题验证、考核、提高，按 100 分计。填空题、判断题分别占 10%的分值；模拟综合题占 40%的分值，需要按图样要求模拟加工或在线加工、测量，并自制项目过程考核卡记录检验结果，巩固、验证基本岗位工作能力；技能鉴定优化综合题占 40%的分值，需要模拟加工，并参照项目实施方法书写项目成果报告，提高从业技术水平。

一、填空题

1）XYZC 四轴车铣复合机床，常以 XZ 两轴（　　　　）为主，以 XYZC 四轴（　　　）为辅，立卧钻铣主轴不能（　　　）。

2）XYZC 四轴车铣复合机床也有带（　　　）动力刀架的专门部件，选用方便。

3）四轴车铣复合加工工艺与三轴车铣复合加工工艺（　　），只不过后者可以有效减少分度旋转。

4）中心线孔加工固定循环是在（　　　）工序类型中创建的工序，机床加工周期输出（　　　　），已仿真输出（　　　）。

5）任意位置孔加工固定循环是在 DRILL 工序类型中创建的，可以实现（　　　）孔加工。

6）一种固定循环方式最多能设置（　　　　）cycle 循环参数。

7）孔加工固定循环的刀轴最好选择垂直于部件表面，用（　　）作为刀轴。

8）创建车削刀具比较烦琐，不要忘了指定（　　　），否则刀尖方向有可能（　　　）不正确。

9）车削工序中的切削策略与铣削工序中的切削模式都是控制刀轨（　　　）的参数。

10）切削区域主要由（　　　　　　）等确定，与工件几何体中的毛坯大小（　　　）。

二、判断题

1）带 Y 轴动力刀架的车铣机床可以倾斜刀轴钻铣加工。（　　　）

2）在车削主轴坐标系 MCS_SPINDLE 下，专门创建钻铣工件几何体的目的是指定更符合实际的钻铣毛坯几何体，使 3D 动态模拟结果更加逼真。（　　　）

3）在 TURNING_WORKPIECE 几何体下，不能进行铣削、钻铣类工序，但可以对中心线孔进行加工。（　　　）

4）切削区域常用轴向修剪平面界定，柱面槽加工需要两个轴向修剪平面界定切削区域。（　　　）

5）对于创建的新车削工序，必须根据具体情况修改刀具、切削区域、避让点的坐标等。（　　　）

6）钻削工序类型指定无固定循环，孔加工参数必须由指定顶面、指定底面确定，循环参数组不再起作用。（　　　）

7）钻削选用圆弧的轴作为刀轴，使用起来更方便。（　　　）

8）若将钻孔加工中的 Start Point-无变为 Start Point-活动，则表示已设置好循环起点。（　　　）

9）动力刀架车铣复合后处理，同一方位钻铣刀轴的"机头"通常是相同的，要么都是垂直刀具加工，要么都是水平刀具加工。（　　　）

10）需要特别说明，新建加工方式中的加工余量等必须与工序中设置的相同。（　　　）

三、模拟综合题

完成如图 6-73 所示的圆齿轴的工艺编制、刀轨创建及加工。

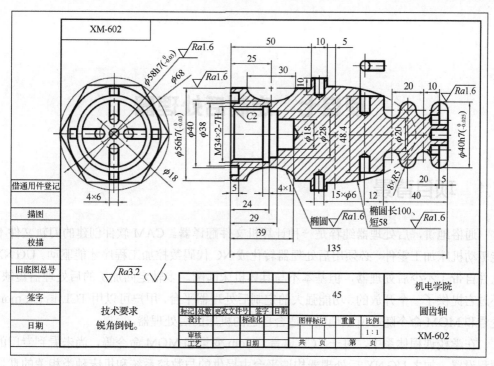

图 6-73　圆齿轴

四、技能鉴定优化综合题

完成如图 6-74 所示的抛物线椭圆端面槽螺纹轴的工艺编制、刀轨创建及加工。

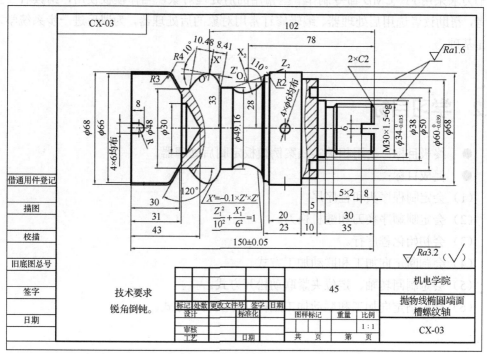

图 6-74　抛物线椭圆端面槽螺纹轴

项目七　定制后处理器

7.1　项目背景

通俗地讲，后处理器纯粹是一种计算机文件翻译器。CAM 软件创建的刀轨文件不能驱动机床加工零件，必须用后处理器转化成 NC 代码数控加工程序才能驱动。UG NX 软件自带了不少后处理器，但基本不与具体机床匹配。多轴定向加工的后处理器短缺，不过它提供了一个开放的、功能强大的定制后处理器平台，用户可以用 TCL 语言、mom 变量和 MOM 命令随心所欲地编制适合自己的机床的后处理器。

在学校课程体系中，对于 TCL 语言、mom 变量和 MOM 命令等，尚未看到专门的课程设置，加之 UG NX 后处理器构造平台中提供的与数控系统和机床种类相关的默认设置程序行均不针对具体机床，定制后处理器自然成了自动编程的难点，严重影响着多轴数控机床的正常使用，至少说自动编程的关键技术还受制于人。受课时和篇幅限制，本书力求采用 PB_CMD 命令制作一些常用的后处理对象，当作模板使用，给读者一些参考，帮助读者选用后处理器、编辑修订常用对象的后处理器，为课后进一步系统学习奠定基础。

7.2　学习目标

● 终极目标：会用相关实践案例模板定制后处理器。
● 促成目标：
（1）会定制程序头和程序尾。
（2）会定制顺序换刀和随机换刀。
（3）会初始化程序行。
（4）会判断定向加工和联动加工方式。
（5）会定制回转轴、定位夹紧联动松开方式。
（6）会定制定向加工和联动加工坐标计算及编程方式。

7.3　工学任务

1）创建 FANUC 转台四轴顺序换刀机床后处理器。

2）创建 SIEMENS840D 双转台五轴随机换刀机床后处理器。

3）创建 SIEMENS 数控系统 XZC 三轴动力刀架车铣复合机床后处理器。

7.4　技术咨询

72 定制后处理器

7.4.1　后处理缘由

7.4.1.1　后处理的必要性

前面创建工序时获得的刀轨文件 CLSF 是 APT 格式的文件，是在假定工件不动、刀具围绕工件运动、基本不考虑实际机床差异的条件下创建的，所以它不能驱动具体机床加工零件，又几乎适用于所有机床的通用刀位（源）文件。后处理 POST 就是用后处理器把刀位文件转换成能驱动机床加工零件的 NC 代码程序（后简化为程序）的过程。软件自带的后处理器不针对具体机床，基本不能直接使用，但可供参考和编辑时使用。

创建具体机床的后处理器是自动编程的难点，没有后处理器就得不到程序，更谈不上自动编程，这严重影响着多轴机床的正常使用。UG NX 的 CAM 模块提供了设计构建后处理器的 Post Builder 后处理编辑器，它需要用类似 C 语言的 TCL 语言，把 mom 等变量编辑成用户命令等，这对没有 TCL 语言基础的人来说，的确是难点，务必要引起重视。

在软件业高度发展的今天，建议机床制造商在其产品中内嵌后处理器，使终端用户直接输入 CLSF 刀轨文件就能转换成程序，这是件很有意义的事情。

7.4.1.2　后处理器要求

一台机床最好有一个能全面反映机床功能、可编辑的综合后处理器，能输出数控系统的所有编程指令、换刀方式，具有定向与联动加工方式判别、旋转坐标夹紧松开、冷却液开关、防护门开关和其他特殊功能。这里，可编辑有两个目的，一是对后处理器进行适当修改，使其成为更适合特殊要求的后处理器；二是便于学习。必须说明，订购机床时一定要考虑后处理器问题。

后处理器的设计要求也是其选用要求。将设计要求具体成表的形式更加准确、清晰、全面，当然这些要求必须符合实际机床的功能和技术参数，如表 7-1 所示。

表 7-1　后处理主要技术参数数据表

公 司 名 称		机床型号名称		设 备 编 号	
数控系统名称 及型号	型号_____ 名称_____	机床联动轴 及结构类型	联动轴名____ 结构类型____	真/假五轴	□真_____ □假_____
项 目	参 数	项 目	参 数	项 目	参 数
行程	X_____　A_____ Y_____　B_____ Z_____　C_____	回转轴出厂方 向设置	A□正　□反 B□正　□反 C□正　□反	程序决定转向	□幅值　□符号 □捷径旋转 □180°反转
快速移动速度	X_____ Y_____ Z_____	快速旋转速度	A_____ B_____ C_____	编程零点	□转台中心 □转台偏心 X__Y__Z__
进给速度	X_____ Y_____ Z_____	进给旋转速度	A_____ B_____ C_____	刀具长度补偿 指令格式	□G43 H Z □ T D □其他_____
编程零点及其 机床坐标	□转台中心 X___Y___Z___ A___B___C___ □转台偏心 X___Y___Z___ A___B___C___	零点坐标	□四轴 X___Y___Z___ A___B___C___ □五轴 X___Y___Z___ A___B___C___	刀轴与摆长	刀轴 □X、□Y、□Z 摆长 □摆头长_____ □转台长_____
换刀	方式□随机 □顺 序 指令_____ 位置 X___Y___Z___ 刀库容量_____	换刀指令格式	选刀_____ 换刀_____ 选刀换刀_____	刀具半径补偿 指令格式	□G41/42DXY □G41/42 XY
RTCP/RPCP 指令	□RTCP_____ □RPCP_____	坐标系平移指 令格式		坐标系旋转指 令格式	
夹紧指令	□摆台____ □转台____	松开指令	□摆台____ □转台____	特别说明	固定循环：
准备功能	□代码表	辅助功能	□代码表	专业功能	□代码表
机床数据	□技术参数表	后处理器名称			

7.4.1.3　表示后处理器的三个文件

用 Post Builder 编辑器创建的后处理器,保存后至少以三个文件为一体的形式表示,这三个文件分别为事件处理文件*.tcl、事件定义文件*.def 和编辑或调用后处理器的用户界面文件*.pui,缺少这三个文件中的任意一个,都不能在 Post Builder 编辑器上打开编辑,也不能进行后处理调用。

尽管可以在记事本中直接单独打开、修改、编辑上述三个文件,但视觉性、可读性、编辑性极差,如果没有一定的 TCL 语言能力,不建议这样操作。

在 Post Builder 编辑器中创建后处理器,在形式上完全抛弃了这三个文件,而是遵循数控系统的编程规则,使用 TCL 语言工具,利用 MOM 命令或 mom 变量,以对话框的形式创建,简单、方便,建议使用。

7.4.2　刀轨与事件及程序行

在创建刀轨时，以工序（低版本中称为操作）为单位，工序也是后处理的输入数据。在创建后处理器时，软件将工序划分成程序起始序列、工序起始序列、刀轨（机床控制、运动、现成循环、操作）、工序结束序列和程序结束序列五大节点事件。刀轨节点事件下有蓝色标签小事件，蓝色标签下有供编辑的程序行。其他四个节点事件又可划分成多个黄色标签小事件，小事件下可直接插入可编辑的程序行或生成程序行的命令文件等。黄色标签和蓝色标签均不能修改。白色程序行是独立程序行，蓝色程序行表示其他标签下有相同程序行，修改一处后，其余相同处统一自动修改。

7.4.2.1　程序起始序列

程序起始序列节点事件仅有一个程序开始黄色标签，其下可以添加反映程序头的多个程序行，如段号命令、程序名、程序信息等所有进行操作之前的事件，如图 7-1 所示。无论一个程序中包含多少个工序，后处理仅执行一次程序起始序列，一个程序的程序头就只有一个，且要按照数控系统和后处理命令编写。

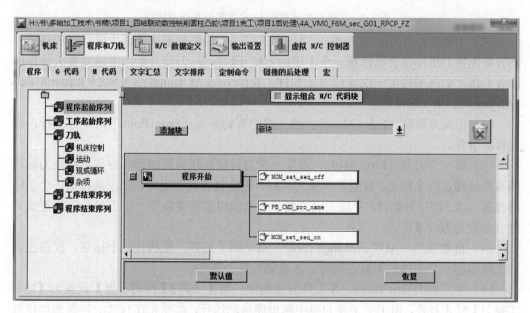

图 7-1　程序起始序列的程序开始标签的若干程序行

7.4.2.2　工序起始序列

工序起始序列定义这个程序中的每个工序从开始到刀具第一次移动之间的所有事件。一个程序无论有多少个不同工序，每个工序都对应一个工序起始序列，即每个工序都要执行工序起始序列。工序起始序列有 11 个黄色标签，如图 7-2 所示。不过黄色标签应根据需要选择性添加程序行，不一定都要设置。

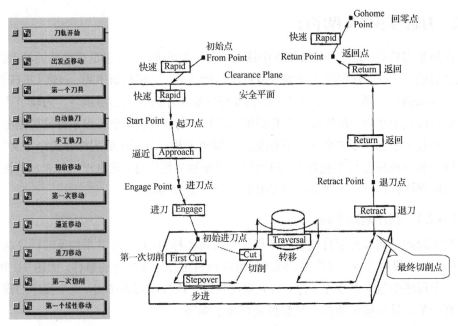

图 7-2　工序起始序列的 11 个黄色标签与刀轨图

（1）刀轨开始（Start of Path）。每一个工序，都最先处理事件或生成特定的格式。不管有无换刀事件都会执行每一个工序的刀轨开始标签。刀轨开始用于填写有关操作的准备工作，如强制输出一次编程地址 MOM_force once M_spindle S X Y Z F R fourth_axis fifth_axis 的 PB_CMD 等。

（2）出发点移动（From Move）。当工序中有初始点（From Point）时，才执行出发点移动事件。

（3）第一个刀具（First Tool）。若第一个刀具没有任何程序行，则按自动换刀标签的事件处理过程来输出。设置第一个刀具时，无论包含几个工序，仅在执行第一个工序时设置一次。程序开始时，主轴上已安装了刀具或根据需要将第一个刀具标签设置成其他自动换刀方式事件。

（4）自动换刀（AUT exchange Tool）。自动换了刀具，就执行这个标签。仅在当前的工序和前一个工序的刀具不同时，才会触发这个事件。

（5）手工换刀（M Tool）。在工序对话框中，将【工具】【换刀设置】设置为【☑手工换刀】时才有效，由于手工换刀要中断程序自动运行，需要先在合适的位置添加精准的初始化程序段，才能检索到这个初始化程序段，再启动自动加工。临时添加的初始化程序段是随机的，常不设置手工换刀。

（6）初始移动（Initial Move）。工序中有自动换刀或手工换刀事件时才执行初始移动，它是换刀后刀具的定位移动事件。若没有换刀事件，则不执行该标签，而执行第一次移动事件。

（7）第一次移动（First Mowe）。无换刀事件时执行第一次移动，每个工序中总会执行初始移动或第一次移动中的一个。如果在孔加工固定循环事件前无定位事件，那么会自动建立一个运动程序行，将刀具快速定位到孔上方的安全点位置平面。

　　如果程序中有几个工序公用一个刀具，无论是自动换刀还是手工换刀，那么第一个工序执行初始移动，其他工序执行第一次移动；若每个工序各用一个刀具，则每个工序均执行初始移动，而不执行第一次移动。

　　（8）逼近移动（Approach Move）。工序中有逼近移动时才执行该标签，且在逼近移动程序行前仅输出该标签下包括的程序行。

　　（9）进刀移动（Engage Move）。工序中有进刀移动时才执行该标签，且在进刀移动程序行前仅输出该标签下包括的程序行。

　　（10）第一次切削（First Cut）。在第一次切削移动时执行该标签，在第一次切削移动程序行前仅输出该标签下包括的程序行。

　　（11）第一个线性移动（First Linear Move）。在第一次线性移动前执行该标签，输出该标签下包括的程序行。

7.4.2.3　刀轨

　　刀轨节点又可划分为机床控制、运动、现成循环和杂项四个分节点。

　　（1）机床控制。机床控制主要用来定义诸如换刀、进给、冷却液、公英制等相应代码的格式和组成。常在其他节点的程序行中专门设置机床控制，这里仅对影响程序输出格式的个别标签加以编辑，如刀具半径补偿取消 G40，不能写成单程序段格式。

　　（2）运动。运动事件定义处理刀位文件中 GOTO 语句的方式，如图 7-3 所示。当进给速度为 0 或大于最大进给速度时，用快速移动（Rapid Move）来处理；当进给速度不为 0 或小于最大进给速度时，用线性移动（Linear Move）来处理，可以在对话框中加入字块和程序行来定制线性加工程序的输出格式；当出现圆弧插补或圆弧运动事件时，用圆周移动（Circle Move）来处理，需要注意，圆弧插补程序段中一般不能建立或取消刀具半径补偿，且设置成 IJK 编程方式后，不易出现交点错误程序报警；此外，还有 Nurbs 移动事件或螺纹插补等。

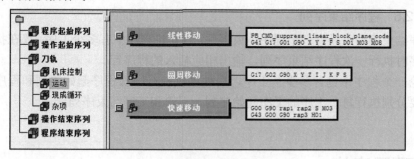

图 7-3　运动程序行的设置

　　（3）现成循环。现成循环用来修改现有的固定循环指令方式、创建新的固定循环等。

　　（4）杂项。设置子程序开始、结束等，用得不多。

7.4.2.4　工序结束序列

　　工序结束序列定义从退刀移动到工序结束之间的事件。注意，每个工序结尾处都要出现的程序行都应放在这里，如果只出现一次，应当放在程序结束位置。工序结束序列有退刀移动、返回移动、回零移动和刀轨结束四个黄色标签，每个标签下可插入程序行，如图 7-4 所示。

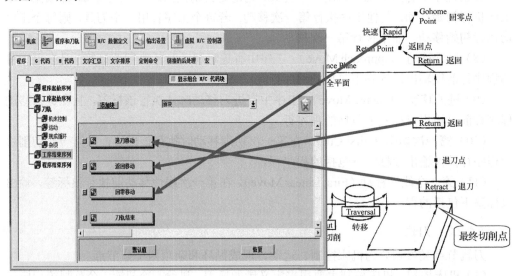

图 7-4　工序结束序列的设置对话框

（1）退刀移动（Retract Move）。如果在工序中定义了转移运动，就执行这个标签，输出相应插入的程序行。

（2）返回移动（Return Move）。如果在工序中定义了返回点（Return Point），就执行这个标签，输出相应插入的程序行。

（3）回零移动（Gohome Move）。如果在工序中定义了回零点（Gohome Point），就执行这个标签，输出相应插入的程序行。

（4）刀轨结束（End of Path）。每个工序操作结束后都执行这个标签，输出相应插入的程序行。

7.4.2.5　程序结束序列

程序结束序列中只有一个程序结束事件，且无论程序中有多少工序，仅在执行最后一个工序时执行一次程序结束序列，输出相应插入的程序行。

无论一个程序中包含多少个工序，后处理仅执行一次程序起始序列和程序结束序列，但要分别执行每个工序的工序起始序列、刀轨和工序结束序列。

7.5　项目实施

7.5.1　创建 FANUC 转台四轴顺序换刀机床后处理器

1．搜集后处理数据

最好收集到机床的订货清单，再将关键数据与现场机床核对，以现场机床为准，校对后处理数据，并填于表 7-2 中，还要保存好代码表和机床数据表。

表 7-2 后处理主要技术参数

公 司 名 称			机床型号名称	NMC-50Vsp 立加	设 备 编 号	
数控系统名称及型号	型号 _____ 名称 FANUC-0iMF		机床联动轴及结构类型	联动轴名 XYZA 结构类型 转台四轴	真/假五轴	□真_____ □假_____
项 目	参 数		项 目	参 数	项 目	参 数
行程 （mm、°）	X 800 Y 500 Z 530 A ±999999.9999		回转轴出厂方向设置	A ☑正 □反 B □正 □反 C □正 □反	程序决定转向	☑幅值 □符号 □捷径旋转 □180°反转
快速移动速度（m/min）	X 30 Y 30 Z 20		快速旋转速度（°/min）	A 40000.000 B _____ C _____	进给速度（mm/min）	5～8000
编程零点及其机床坐标	☑转台中心 X___ Y___ Z___ □转台偏心 X___ Y___ Z___		转台锁紧	锁紧 M11 松开 M10	转台位置、位姿中心高（mm）	位置 右置 位姿 卧式 中心高：150
换刀	方式 □随机 ☑顺序 指令 Txx M06 位置 G91G28Z0 刀库容量 24		RTCP/RPCP 指令	□RTCP □RPCP	车铣主轴转向 M 代码	正转_____ 反转_____ 停止_____
主轴转速 （RPM）	48～8000		刀轴与刀具长度补偿	轴 □X □Y ☑Z 补偿 G43HZ	摆长	□摆头长_____ □转台长_____
刀具半径补偿	G01G41Dxx		冷却液	开 M08 关 M09	机床数据	☑技术参数表
准备功能	☑代码表		辅助功能	☑代码表	专业功能	☑代码表
其他			后处理器名称	4TA_F6_9G02_FZ_SEQ		

2．制定后处理方案

绝大部分四轴机床没有 RTCP/RPCP 功能，需要特别拟定后处理方案。

（1）工件坐标系。工件坐标系对应加工坐标系 XM-YM-YZ，工件坐标系 G 代码在创建工序时由夹具偏置给定，工件零点与加工坐标系 XM-YM-YZ 原点重合，工件零点必须与四轴转台中心重合，但在轴线方向不受数值的影响。

（2）加工方式判别。要能自动判断 3+1_axis 定向加工方式和 4_axis 四轴联动加工方式，采用 3+1_axis 定向加工时输出转台夹紧代码 M11，采用 4_axis 四轴联动加工时输出转台松开代码 M10。

（3）刀具补偿。考虑刀具半径补偿 C 的复杂问题，3+1_axis 定向加工用刀具半径补偿编程，4_axis 四轴联动加工不用刀具半径补偿编程。这两种加工方式均用刀具长度补偿编程。

（4）圆弧插补编程。用 IJK 插补参数圆弧编程，紧缩程序量。

（5）固定循环编程。用标准孔加工固定循环指令编程。

（6）自动换刀。采用顺序换刀方式，在固定位置换刀。允许程序开始或程序结束后，主轴上装有刀具。

（7）四轴属性。四轴行程±999999.9999°，幅值决定坐标转向，180°不反转，没有最短捷径旋转。

（8）程序开始显示加工时间。在程序开头输出加工时间。

（9）转台偏心补偿。四轴零点偏移时，必须做出补偿。补偿的方法有很多，最简单快捷的办法是先测量出偏移坐标，后将 CAM 加工坐标系 XM-YM-YZ 反向偏移相同的量，重新后处理得到新的加工程序即可。

3. 创建后处理器

1）进入 NX/后处理构造器环境

双击后处理快捷图标进入 NX/后处理构造器环境→【选项】→【语言】→【简体中文】，NX/后处理构造器环境如图 7-5 所示，默认采用英语。

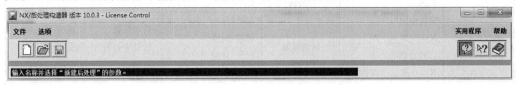

图 7-5　NX/后处理构造器环境

2）新建文件

【新建后处理器】→【⊙主后处理】→【⊙毫米】→【⊙铣】4 轴带轮盘→【⊙库】fanuc_6M→【确定】，如图 7-6 所示。【4 轴带轮盘】指立式/卧式转台四轴机床，用【fanuc_6M】代替 fanuc-0iMF 数控系统，如图 7-6 所示。

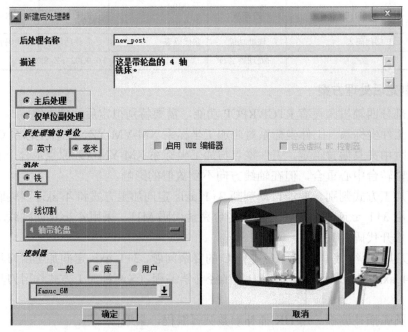

图 7-6　新建后处理器

3）另存文件

【文件】→【另存为】，出现选择许可证对话框，如图 7-7 所示→不设置密码→【确定】→寻找存储路径→【文件名】4TA_F6_9G02_FZ_SEQ，意为转台四轴 A、fanuc-6M

系统、四轴行程±999999.9999°、圆弧插补、幅值决定转向、顺序换刀。

图 7-7　文件命名与另存为

4．设置机床数据

1）设置一般参数

【机床】→【一般参数】→【输出循环记录】⊙是→【线性轴行程限制】X 800/Y 500/Z 530→【移刀进给率】最大值 20000，如图 7-8 所示。【输出循环记录】指圆弧用圆弧插补或直线插补指令编程，【移刀进给率】指快速移动速度，没必要设置【回零位置】，默认【线性运动分辨率】为 0.001、【初始主轴】为 I 0.0/J 0.0/K 1.0。【初始主轴】指刀轴。

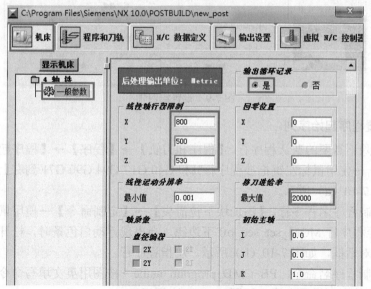

图 7-8　设置一般参数

2）设置第四轴

【第四轴】→【旋转轴】→【旋转平面】YZ→【文字指引线】A→【最大进给率】40000→【轴限制】最大值 999999.9999/最小值-999999.9999→【轴限制违例处理】退刀/重新进刀→【☑旋转轴可以是递增的】→【显示机床】→目测确认→单击右上角的【⊠】关闭，如图 7-9 所示。【文字指引线】指坐标轴地址，【机床零到第 4 轴中心】指四轴零点在机床坐标系中的坐标值，【角度偏置】指刀轴非正交倾斜角度，【枢轴距离】指转台摆长，均不需要设置。【轴限制违例处理】指第四轴超程自动先退刀、后复原、再进刀，其他默认即可。

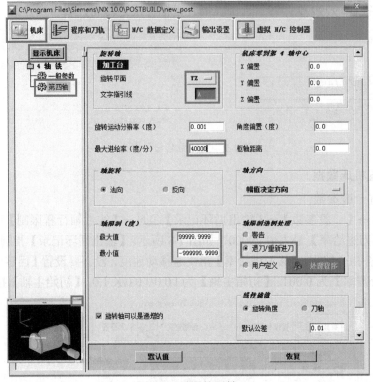

图 7-9　设置第四轴

5．设置程序起始序列

（1）删除不需要的默认程序行。【程序和刀轨】→【程序】→【程序起始序列】→【程序开始】→使用鼠标左键拖拽程序行%和 G40 G17 G94 G90 G71 到右上角的回收站删除，如图 7-10（a）所示。

（2）定制程序名程序行。【添加块下拉箭头】→【定制命令】→使用鼠标左键拖拽【添加块】至程序行 MOM_set_seq_off 下边缘，当出现浮动白色条时，松开鼠标，会出现定制命令对话框，如图 7-10（b）所示。块指程序行。

（3）定制程序名命令。PB_CMD_program_name→按图用英文填写命令内容→【确定】。程序起始序列设置完毕，如图 7-10（c）所示。

（a）默认程序行　　　　　　　　　　　　　（b）定制程序名命令对话框

图 7-10　设置程序起始序列

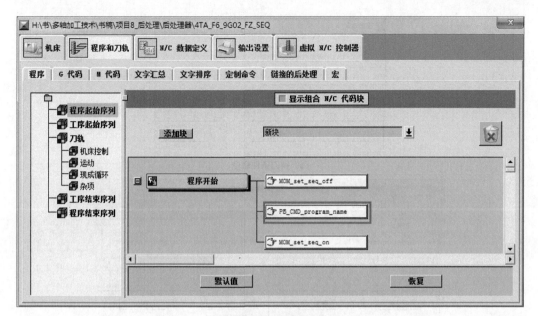

（c）程序起始序列设置完毕

图 7-10　设置程序起始序列（续）

需要逐字输入 PB_CMD 定制命令名称，直接用记事本文件粘贴命令内容方便、快捷。这是用 TCL 语言编写的 PB_CMD 命令，把零件的 CAM 名称变量值$mom_output_file_basename 作为程序名输出，对应性一目了然。FANUC-0iF 系统可以像 SIEMENS 系统一样，用文件名定义程序名，程序名需要与程序内容分开，字符串打印内容（$mom_output_file_basename）加了注释圆括号。PB_CMD 命令中用到的软件 mom 变量均需要使用 TCL 的 global 命令定义成全局变量。

【MOM_set_seq_on】和【MOM_set_seq_off】分别表示程序段顺序号添加或不添加 MOM 命令。

6．顺序换刀

无机械手的加工中心需要用顺序换刀。换刀在【工序起始序列】中设置，与第一个刀具、自动换刀和手工换刀三个黄色标签相关。

1）删除【第一个刀具】和【手工换刀】两个黄色标签的所有程序行

【程序和刀轨】→【程序】→【程序起始序列】→【程序开始】→用鼠标左键拖拽程序行 T 和【手工换刀】黄色标签下的全部程序行到右上角的回收站删除，如图 7-11（a）所示。

2）添加

在程序行 G91 G28 Z 下添加换刀条件命令 PB_CMD_tool_condition，如图 7-11（a）所示，在程序行 T M06 下添加刀具信息命令 PB_CMD_tool_info，如图 7-11（b）所示。

自动换刀、手动换刀标签程序行定制完毕如图 7-11（c）所示。

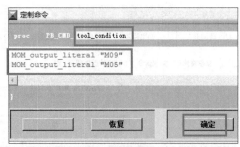

（a）换刀条件命令

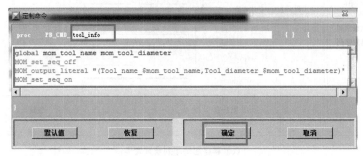

（b）刀具信息命令

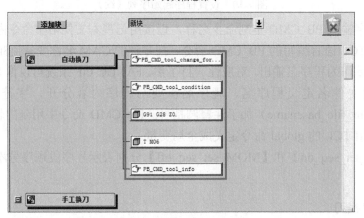

（c）自动换刀、手动换刀标签程序行定制完毕

图 7-11　顺序换刀

7．设置初始化程序行与加工方式判别

初始化程序行和加工方式判别等，均在【工序起始序列】中设置，与初始移动、初始移动、第一次移动相关。

1）设置初始移动

（1）添加转台松开 M10 程序行。【程序和刀轨】→【程序】→【工序起始序列】→【添加块下拉箭头】文字→用鼠标左键拖拽【添加块】到【初始移动】，出现白色浮动条时释放→【添加文字】M10→【确定】。转台运动需要先松开自身。

（2）添加初始化程序行。【工序起始序列】→【添加块下拉箭头】新块→用鼠标左键拖拽【添加块】到【M10】程序行，出现白色浮动条时释放→分别添加文字 G94、G00、G90、G、X、Y、A、S、M03，如图 7-12 所示，【确定】。

图 7-12 设置初始移动标签

（3）添加判断输出转台松紧程序行。【工序起始序列】→【添加块下拉箭头】定制命令→用鼠标左键拖拽【添加块】到【G94 G00 G90 G X Y A S M03】程序行，出现白色浮动条时释放→【PB_CMD_】table_clamp_unclamp→填写 PB_CMD 命令内容→【确定】。多轴加工保持工作台松开（M10）状态，定轴加工输出工作台夹紧指令 M11。

2）设置第一次移动

设置【第一次移动】与【初始移动】的程序行相同，复制、粘贴即可，如图 7-13 所示。选【初始移动】程序行 M10→右击复制引用的块→选【第一次移动】→右击粘贴在后面。同理，在程序行【M10】后粘贴初始化程序行【G94 G00 G90 G X Y A S M03】，在初始化程序行【G94 G00 G90 G X Y A S M03】后粘贴【PB_CMD_table_clamp_unclamp】命令。

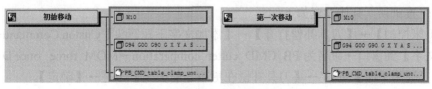

图 7-13 初始移动和第一次移动标签

8．设置刀具半径补偿方式

刀具半径补偿需要在【机床控制】中设置格式。工序中的机床控制的优先级比刀轨中的机床控制高，也就是说，以工序中设置的机床控制为准。当工序中没有设置机床控制时，刀轨中设置的机床控制才有效。

刀具半径补偿设置如图 7-14 所示。

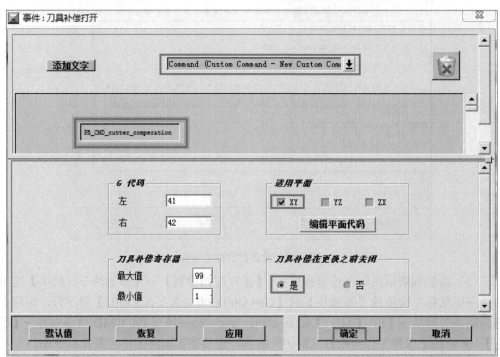

图 7-14　刀具半径补偿设置

（1）删除 G40。【机床控制】→【刀具补偿关闭】→拖拽 G40 到垃圾桶删除→【确定】。G40 不能单独占一行，应删除。

（2）强制输出 D 代码。G41 必须与 D 代码同行，但 G41 后的 D 代码在分层加工的第二层之后，因为它是模态代码，所以被省略，也杜绝了 G41/G42 D 与后面的 G02/G03 同行的位置错误，具体设置如下。

【机床控制】→【刀具补偿打开】→【添加文字下拉箭头】Custon Command→拖拽【添加文字】到窗口→命名为 PB_CMD_cutter_comperation→MOM_force_ once D→【确定】→【适用平面】☑XY→【刀具补偿在更改之前关闭】⊙是→【确定】。

9．设置运动方式

1）线性移动

线性移动就是直线插补。同一程序段，有的系统只能有一个 M 代码，这里删除 M08。【运动】→【线性移动】→拖拽 M08 至垃圾桶删除→【确定】，如图 7-15 所示。

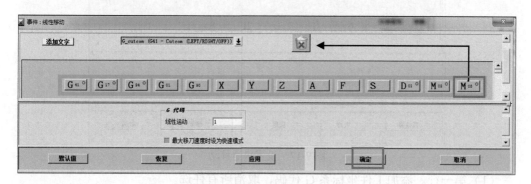

图 7-15　设置线性移动

2）圆周移动

圆周移动就是圆弧插补。G41 不能与 G02 连用，删除 G41。S 用右击改为任选。整圆圆弧插补仅在 XY 平面进行，如图 7-16 所示。

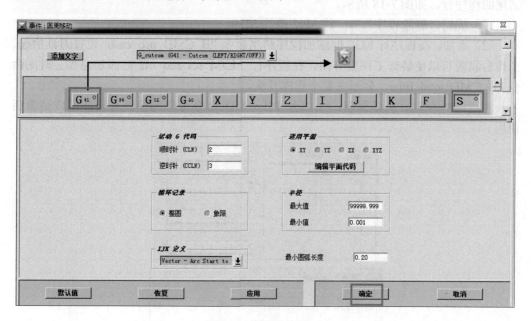

图 7-16　设置圆周移动

3）快速移动

先进行 XY 平面定位，后进行 Z 向刀具长度补偿定位，如图 7-17 所示。

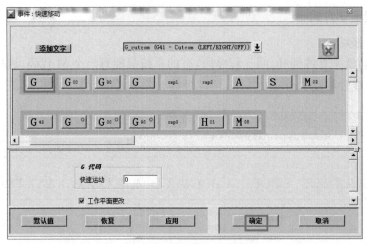

图 7-17　设置快速移动

（1）第一行。添加工件坐标系 G 代码，取消所有任选。

（2）第二行。将进给单位 G、G00、G90 改为任选；取消 H01、M08 的任选。

10. 设置程序结束序列

【程序结束序列】仅在最后一个工序执行程序结束序列，常用来设置一些有关程序结尾的程序行，如图 7-18 所示。

（1）编辑。删除程序行%；将 M02 改为 M30。

（2）添加。在程序行 M30 前添加程序结尾命令 PB_CMD_pro_end，设置刀具抬起、工作台靠前可以使装卸工件更方便。在程序行 MOM_set_seq_off 后添加总加工时间命令 PB_CMD_total_time，显示在整个程序开头。

注意随时存盘。应该说明，大部分 PB_CMD 命令可作为模板直接使用或编辑后使用。

图 7-18　设置程序结束序列

```
proc    PB_CMD total_time

    global ptp_file_name
    set tmp_file_name "${ptp_file_name}_"
    if {[file exists $tmp_file_name]} {
        MOM_remove_file $tmp_file_name
    }
    MOM_close_output_file $ptp_file_name
    file rename $ptp_file_name $tmp_file_name
    set ifile [open $tmp_file_name r]
    set ofile [open $ptp_file_name w]
    global mom_machine_time
    puts $ofile "(Total Machning Time : [format "%.2f" $mom_machine_time] min)"
    set buf ""
    while { [gets $ifile buf] > 0 } {
        puts $ofile $buf
    }
    close $ifile
    close $ofile
    MOM_remove_file $tmp_file_name
    MOM_open_output_file $ptp_file_name
#  This custom command allows you to modify the feed rate number
#  after it has been calculated by the system
#
    global mom_feed_rate_number

    set mom_sys_frn_factor 1.0

    if [info exists mom_feed_rate_number] {
        return [expr $mom_feed_rate_number * $mom_sys_frn_factor]
    } else {
        return 0.0
    }
}
```

图 7-18 设置程序结束序列（续）

11．设置程序段号

自动编程不易出错，增减程序段的修改概率很小，设置起始程序段号为 1、增量为
1、最大段号为 9999，达到最大值时，从最小程序段号开始显示，周而复始。

【N/C 数据定义】→【其他数据单元】→【序列号开始值】1→【序列号增量】1，
如图 7-19 所示。这里的序列号就是指程序段号。

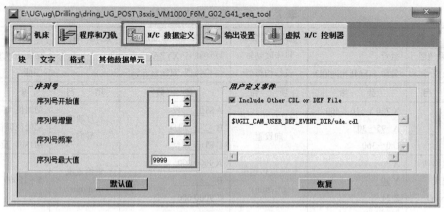

图 7-19 设置程序段号

12．修改 NC 程序文件的扩展名

【输出设置】→【其他选项】→【N/C 输出文件扩展名】txt，如图 7-20 所示。这里
的 N/C 就是 NC，文本文件*.txt 的通用性最好。

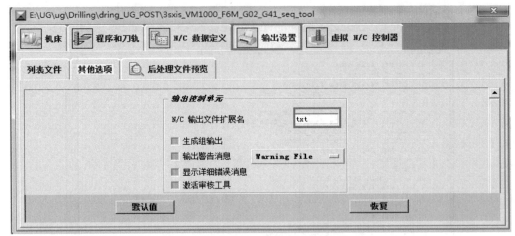

图 7-20　修改 NC 程序文件的扩展名

13．保存文件

最好将自建的后处理器保存在方便自已调用的地方，不要存放在系统模板里。

14．验证

后处理器需要实际使用验证正确、可靠后才能正常使用。本后处理器已在项目一、项目二的宇龙四轴仿真加工中得到实际使用验证。

7.5.2　创建 SIEMENS840D 双转台五轴随机换刀机床后处理器

1．搜集后处理数据

五轴机床的四轴不同于四轴机床的四轴，要在四轴的基础上，选择五轴机床的四轴数据、五轴数据、编程功能等，并填于表 7-3 中，还要保存好代码表和机床数据表。

表 7-3　后处理主要技术参数

公 司 名 称		机床型号名称	UTC-300S 立加	设 备 编 号	
数控系统名称及型号	型号 _____ 名称 SIEMENS840D	机床联动轴及结构类型	联动轴名 XYZAC 结构类型 双转台五轴	真/假五轴	☑真 RPCP □假 ____
项　目	参　数	项　目	参　数	项　目	参　数
行程 （mm、°）	X 720 Y 510 Z 460 A -95～30 C 0～360	回转轴出厂方向设置	A ☑正 □反 B □正 □反 C ☑正 □反	程序决定转向	☑幅值 □符号 ☑捷径旋转 ☑180°反转
快速移动速度 （m/min）	X 30 Y 30 Z 24	快速旋转速度 （°/min）	A 9000.000 B _____ C 9000.000	进给速度 （mm/min）	5～15000
编程零点及其机床坐标	☑转台中心 X ___ Y ___ Z ___ □摆台偏心 X ___ Y ___ Z ___	转台锁紧	转台锁 M11 松 M10； 摆台锁 M81 松 M80	转台位置、位姿中心高度（mm）	位置 居中 位姿 立式 中心高：____

项　　目	参　　数	项　　目	参　　数	项　　目	参　　数
换刀	方式☑随机 □顺序 指令 TxxD 位置 G74Z1=0 刀库容量 24	RTCP/RPCP 指令	□RTCP_____ ☑RPCP_____ TRAORI/TRAFOOF	车铣主轴转 向 M 代码	正转____ 反转____ 停止____
主轴转速 （RPM）	60～12000	刀轴与刀具 长度补偿	轴 □X、□Y ☑Z 补偿 DZ	摆长	□摆头长____ □转台长____
刀具 半径补偿	G01G41	冷却液	开 M08 关 M09	机床数据	☑技术参数表
准备功能	☑代码表	辅助功能	☑代码表	专业功能	☑代码表
其他		后处理器名称	4TA_F6_9G02_FZ_SEQ		

2．制定后处理方案

SIEMENS 840D 系统的 RPCP 指令是激活五轴刀具长度补偿指令 TRAORI，关闭指令是 TRAFOOF。

（1）工件坐标系。工件坐标系对应加工坐标系 XM-YM-YZ，工件坐标系 G 代码在创建工序时由夹具偏置给定，工件零点与加工坐标系 XM-YM-YZ 原点重合，与五轴转台中心重合。

（2）加工方式判别。要能自动判断 3+2_axis 定向加工方式和五轴联动加工方式 5_axis，采用 3+2_axis 定向加工时输出转台夹紧代码 M11、摆台夹紧代码 M81，采用 5_axis 五轴联动加工时输出转台松开代码 M10、摆台松开代码 M81。

（3）刀具补偿。考虑刀具半径、长度补偿编程。

（4）圆弧插补编程。用 IJK 进行圆弧插补编程，插补四分之一圆弧大小，紧缩程序量。

（5）加工固定循环编程。用标准孔加工固定循环编程。

（6）自动换刀。采用随机换刀方式，在固定位置换刀，允许程序开始或程序结束后，主轴上装有刀具。

（7）五轴属性。行程 C0°～360°，幅值决定坐标转向，180°反转，最短捷径旋转。

（8）程序开始输出加工时间。在程序开头输出不包括换刀时间在内的加工时间。

（9）转台偏心补偿。五轴零点偏移时，必须做出补偿。补偿的方法有很多，最简单快捷的办法是先测量出偏移坐标，后将加工坐标系 XM-YM-YZ 反向偏移相同的量，重新后处理得到新的加工程序。

3．新建后处理器文件

双击后处理快捷图标进入 NX/后处理构造器环境→【新建后处理器】→【⊙主后处理】→【⊙毫米】→【⊙铣】5 轴带双轮盘→【⊙库】SIEMENS-Sinumerik_840D→【确定】，如图 7-21 所示。双轮盘指双转台，又叫摇篮式五轴机床。

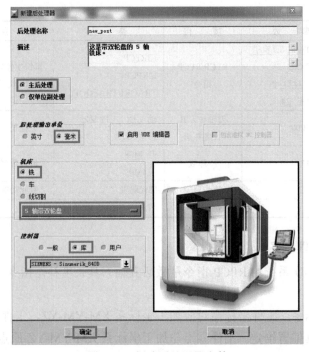

图 7-21　新建后处理器文件

4．设置机床数据

1）设置一般参数

【机床】→【一般参数】→【输出循环记录】⊙是→【线性轴行程限制】X 720/ Y 510/ Z 460→【移刀进给率】最大值 24000，如图 7-22 所示。没必要设置【回零位置】。

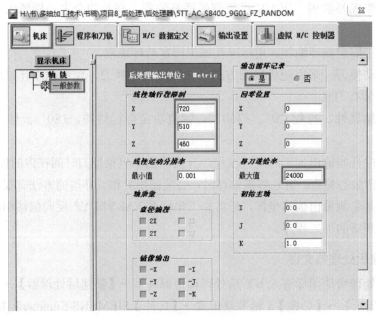

图 7-22　设置一般参数

2）设置第 4 轴/第 5 轴与机床显示

第 4 轴与第 5 轴的配置不同，其他相同，如图 7-23 所示。

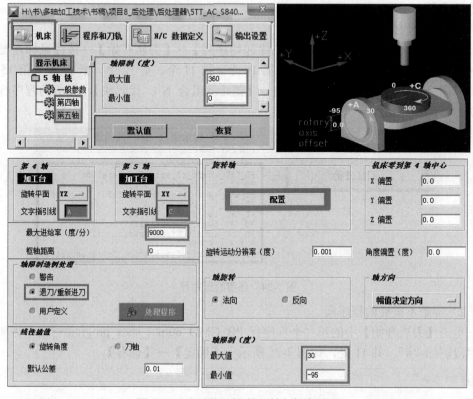

图 7-23　设置第 4 轴/第 5 轴与机床显示

（1）设置第 4 轴。【第 4 轴】→【轴限制】最大值 30/最小值-95。【机床零到第 4 轴中心】偏置指 4 轴零点在机床坐标系中的坐标值，真 5 轴不需要设置。

（2）配置。【配置】→【第 4 轴】→【旋转平面】YZ→【文字指引线】A→第 5 轴【旋转平面】XY→【文字指引线】C→【最大进给率】9000→【轴限制违例处理】退刀/重新进刀。

（3）设置第 5 轴。【第 5 轴】→【轴限制】最大值 360/最小值 0。【第 4 轴中心到第 5 轴中心】偏置指 5 轴零点在 4 轴坐标系中的坐标值，真 5 轴不需要设置。

（4）显示机床。【显示机床】→观察正确→单击右上角的【⊠】。

3）另存文件

【文件】→【另存为】→不设置密码→【确定】→寻找存储路径→【文件名】5TTAC_S84_360G02_FZ_RENDOM，意为双转台 AC 五轴、SIEMENS840D 系统、行程 0°～360°、圆弧插补、幅值决定转向、随机换刀。

5. 设置程序头

程序头由【程序起始序列】决定，不修改。

6. 设置刀轨开始

SIEMENS840D 这部分有不少内容没有实用意义，需要修改，在【工序起始序列】中进行设置。

1）删除没必要的程序行

【程序和刀轨】→【程序】→【工序起始序列】→【刀轨开始】→按住鼠标左键不放→删除从上到下第 6 个、第 8 个、第 10 个、第 11 个、第 12 个、第 14 个、第 15 个方框，逐个拖拽这些程序行到回收站→【☑显示组合 N/C 代码块】，保留的程序行如图 7-24 所示。

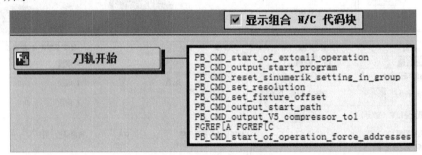

图 7-24　保留的程序行

2）屏蔽不需要的程序段

单击【刀轨开始】中的第二个程序行 PB_CMD_output_start_program→在不需要的程序段前加 "#"，共 11 处，如图 7-25 所示→【确定】→【保存】。

```
定制命令

proc   PB_CMD_output_start_program                              {}   {

  global mom_kin_machine_type

  if { ![info exists start_output_flag] || $start_output_flag == 0 } {
    set start_output_flag 1
#MOM output_literal ";Start of Program"
#MOM output_literal ";"
#MOM output_literal ";PART NAME   :$mom_part_name"
#MOM output_literal ";DATE TIME   :$mom_date"
#MOM output_literal ";"
#MOM output_literal "DEF REAL _camtolerance"
    set fourth_home ""
    set fifth_home ""
    if {[string compare "3_axis_mill" $mom_kin_machine_type]} {
      set mom_sys_leader(fourth_axis_home) "_[set mom_sys_leader(fourth_axis)]
      set fourth_home ", $mom_sys_leader(fourth_axis_home)"
      if {[string match "5_axis*" $mom_kin_machine_type]} {
        set mom_sys_leader(fifth_axis_home) "_[set mom_sys_leader(fifth_axis)
        set fifth_home ", $mom_sys_leader(fifth_axis_home)"
      }
    }
#MOM output_literal "DEF REAL _X_HOME, _Y_HOME, _Z_HOME$fourth_home$fifth_h
#MOM output_literal "DEF REAL _F_CUTTING, _F_ENGAGE, _F_RETRACT"
#MOM output_literal ";"
#MOM force Once G_cutcom G_plane G F_control G_stopping G_feed G_unit G_mod
#MOM do_template start_of_program
```

图 7-25　屏蔽不需要的程序段

3）屏蔽刀具信息和日期

单击【刀轨开始】的第六个程序行 PB_CMD_output_start_path，在所有"MOM_output_literal"前加"#"，共 10 处，如图 7-26 所示，【确定】→【保存】。

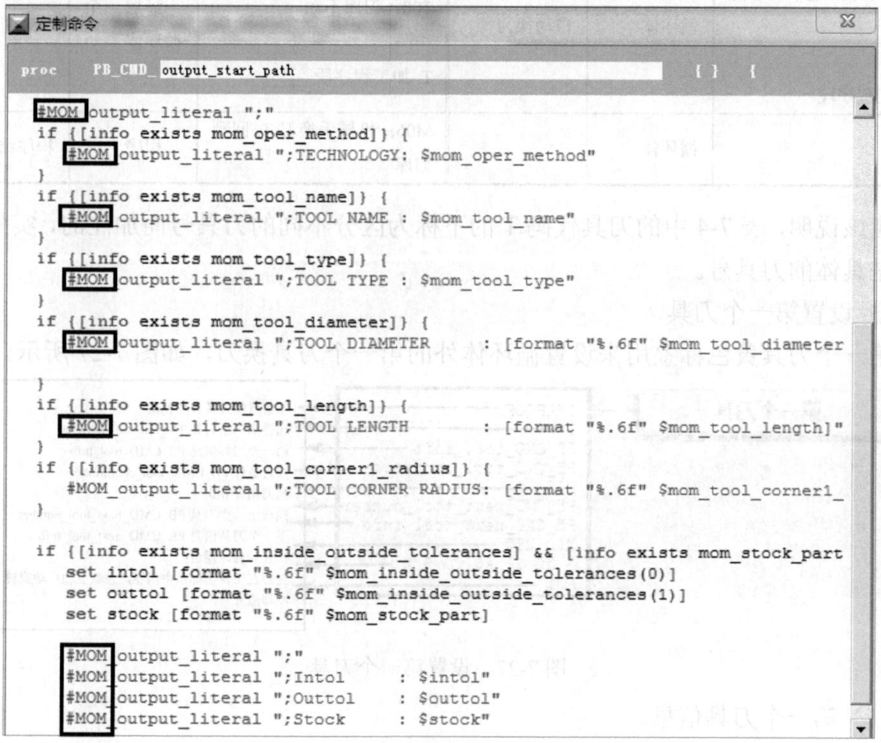

图 7-26　屏蔽刀具信息和日期

7. 随机换刀

1）随机换刀程序模型

随机换刀的目的是省时，随机换刀的机械条件是具有双臂换刀机械手，PLC 条件是刀具号 T 和换刀代码 M06 可以不在同一程序段，随机换刀的基本原理是刀库旋转预选下一个刀具动作过程与上一个刀具加工时间重合，即选刀不占用加工时间，以此来省时。尽管软件里提供了几种随机换刀后处理器，但大多不省时或与大多数机床不符合。这里设计一种常用的随机省时换刀程序模型，假定程序结束后将主轴上的刀具换回刀库，装卸工件时要留出足够的安全空间，随机省时换刀程序模型如表 7-4 所示。

表 7-4　随机省时换刀程序模型

程序段及说明	备　注	黄色标签	程序段及说明	备　注	黄色标签
T_1；刀库选刀 T_1 M06；机械手换刀 T_1 T_2；刀库预选下一个刀具 T_2 ……； T_1 加工程序段	第一个刀具	第一个刀具	M06；机械手换刀 T_{n-1} T_n；刀库预选最后一个刀具 T_n ……； T_{n-1} 加工程序段	倒数第二个循环体	

续表

程序段及说明	备　注	黄色标签	程序段及说明	备　注	黄色标签
M06：机械手换刀 T_2 T_{n-1}：刀库预选下一个刀具 T_{n-1} ……； T_2 加工程序段	循环体	自动换刀	M06：机械手换刀 T_n T00：刀库不动 ……； T_n 加工程序段	最后一个循环体	
……	循环体		M06：机械手换刀 T_n 回到刀库	程序	程序结束

应该说明，表 7-4 中的刀具代码 T 的下标为区分不同的刀具号而加注的，实际程序中便是具体的刀具号。

2）设置第一个刀具

第一个刀具黄色标签用来设置循环体外的第一个刀具换刀，如图 7-27 所示。

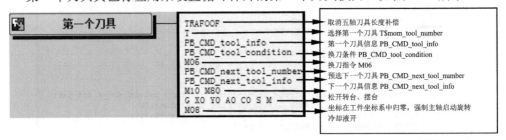

图 7-27　设置第一个刀具

（1）第一个刀具信息。

```
PB_CMD_tool_info:
global mom_tool_name
MOM_set_seq_off
MOM_output_literal "; Tool_name: $mom_tool_name "
MOM_set_seq_on
```

（2）换刀条件。

```
PB_CMD_tool_condition:
MOM_output_literal "M05"
MOM_output_literal "M09"
MOM_output_literal "G74 Z1=0"
```
（3）预选下一个刀具。
```
PB_CMD_next_tool_number:
global mom_next_tool_number
if { $mom_next_tool_status == "FIRST" }{
MOM_output_literal "T00"
}els{
MOM_output_literal "T$mom_next_tool_number"
}
```

（3）下一个刀具信息。

```
PB_CMD_next_tool_info:
global mom_next_tool_status  mom_next_tool_name
MOM_set_seq_off
    if { $mom_next_tool_status == "FIRST" } {
    MOM_output_literal ";Preselecting tool end"
    } else {
    MOM_output_literal ";Tool_name: $mom_next_tool_name"
    }
MOM_set_seq_on
```

3）设置自动换刀

自动换刀黄色标签用来设置随机省时换刀循环体，如图 7-28 所示。

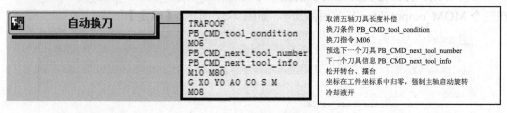

图 7-28　设置自动换刀

4）设置手工换刀

手工换刀主要用于数控铣床，而加工中心在正常加工期间很少使用手工换刀，即使用手工换刀，也是一连串的具体手工动作，不是仅仅输出 M00/M0。恢复自动运行时，先要确定输入合适的初始化检索程序段，所以不对手工换刀事件设置任何程序行，并将已有的程序行全部取消。

5）设置程序结束序列

用 M06 指令将主轴上最后一个刀具换回刀库，并设置其他命令或程序行，如图 7-29 所示。

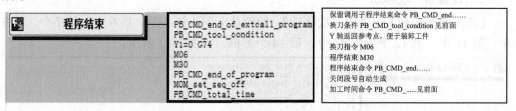

图 7-29　设置程序结束序列

应该说明，对于 SIEMENS 数控系统，默认刀具补偿号为 D1，采用随机换刀，在输出的 NC 程序循环体内，刀具号、刀具长度补偿和加工内容间的标识并不清晰，需要仔细观察。

8．设置初始移动

（1）删除。【操作起始序列】→【初始移动】，删除从上到下的第 5 个、第 6 个、第 8 个、第 10 个、第 11 个、第 12 个、第 13 个方框。

（2）添加。在 TRAORI 前添加五轴匀速移动指令 FGROUP(X,Y,Z,A,C)及连续切削指令 G64。

设置初始移动，如图 7-30 所示。

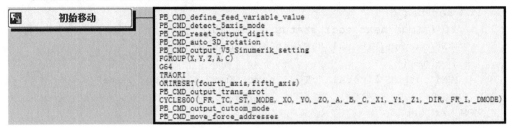

图 7-30　设置初始移动

（3）修改。打开【初始移动】的第一个方框 PB_CMD_define_feed_variable_value，在三个 MOM_output_literal 前面添加#，如图 7-31 所示，【确定】。

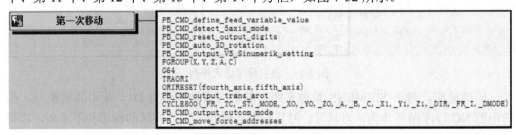

图 7-31　屏蔽无用程序段

9．设置第一次移动

【操作起始序列】→【第一次移动】，删除从上到下第 5 个、第 6 个、第 7 个、第 9 个、第 11 个、第 12 个、第 13 个、第 14 个方框，如图 7-32 所示。

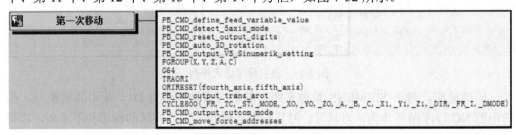

图 7-32　设置第一次移动

10．设置逼近移动

【操作起始序列】→【逼近移动】，打开 PB_CMD_output_motion_message 命令，在两个 MOM_output_literal 前面添加#，如图 7-33 所示，【确定】。

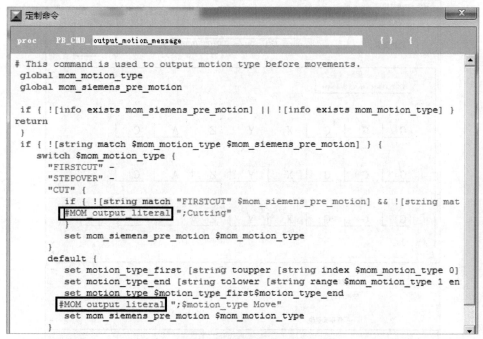

图 7-33 设置逼近移动

11. 设置运动

(1) 线性移动。【运动】→【线性移动】，删除所有的 S、D、M 指令，设置完毕后，如图 7-34 所示。

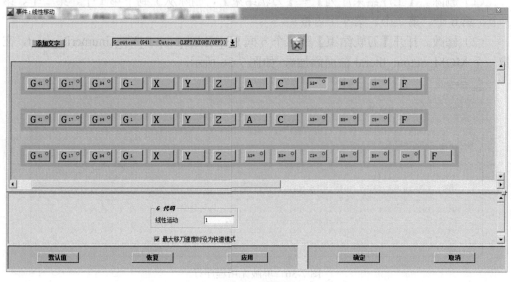

图 7-34 设置线性移动

(2) 快速移动。【运动】→【快速移动】，删除所有的 S、D、M 指令，不勾选【工作平面更改】，设置完毕后，如图 7-35 所示。强制输出 A、C，防止不同工序间干涉，默认执行回转轴初始定位移动。

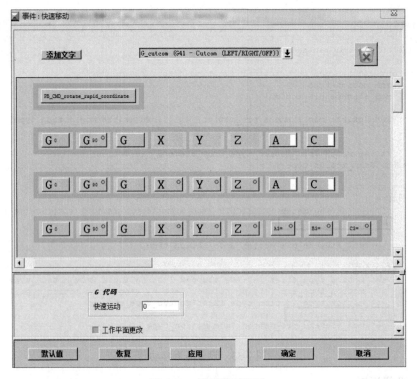

图 7-35　设置快速移动

12. 设置工序结束序列

（1）删除。【工序结束序列】→【刀轨结束】，删除从上到下第 1 个、第 2 个、第 3 个、第 6 个、第 7 个、第 9 个方框。

（2）修改。打开【刀轨结束】第三个方框 PB_CMD_output_V5_sinumerik_reset，在第一个 MOM_output_literal 前面添加#，如图 7-36 所示。

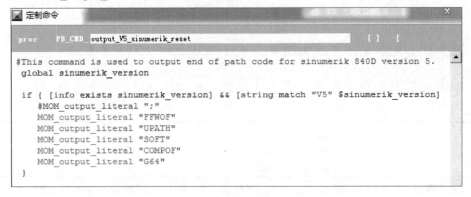

图 7-36　屏蔽无用程序行

（3）添加设置。在取消刀具长度补偿指令 TRAFOOF 后，添加退刀安全高度 G01 Z200 F3000 程序行，在其下添加关闭五轴匀速运动指令 FGROUP()，松开摆台、转台命令分别为 M10、M80，除 Z 外，各坐标归零，如图 7-37 所示。若回转坐标不归零，则在某些工序连接上会出现问题。

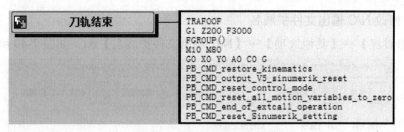

图 7-37 设置刀轨结束

13. 设置程序结束序列

用 M06 将主轴上最后一个刀具换回刀库，给工件装卸提供更大空间。程序结束序列设置一些有关程序结尾的程序行，如图 7-38 所示。

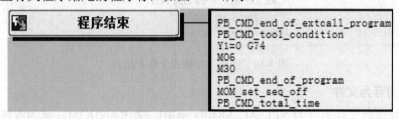

图 7-38 设置程序结束序列

14. 设置程序段号

【N/C 数据定义】→【其他数据单元】→【序列号开始值】1→【序列号增量】1→【序列号最大值】99999，如图 7-39 所示，序列号即程序段号。

图 7-39 设置程序段号

15. 修改 N/C 输出文件扩展名

【输出设置】→【其他选项】→【N/C 输出文件扩展名】txt，如图 7-40 所示。

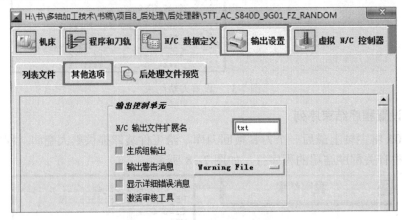

图 7-40　修改 N/C 输出文件扩展名

16. 另存为文件

将后处理器文件另存为 5TT_AC_S840D_9G01_FZ_RANDOM，意为双转台 AC 五轴、S840D 数控系统、线性插补指令输出、转台行程±999999.9999°、幅值决定转向、随机换刀。

17. 验证

后处理器需要实际使用验证正确、可靠后才能正常使用。本后处理器已在项目四、项目五的五轴加工中得到实际使用验证。

7.5.3　创建 XZC 三轴动力刀架车铣复合机床后处理器

1. 搜集机床后处理数据

搜集机床后处理数据，并填于表 7-5 中。

表 7-5　后处理主要技术参数数据表

公司名称		机床型号名称	立　加	设备编号	
数控系统名称及型号	型号 _____ 名称 SIEMERMIK S840D	机床联动轴及结构类型	联动轴名 XZC 结构类型 动力刀架后置	真/假五轴	□真_____ □假_____
项　目	参　数	项　目	参　数	项　目	参　数
行程 (mm，°)	X 180 Y __ Z 300 C ±999999.9999	回转轴出厂方向设置	A□正 □反 B□正 □反 C☑正 □反	程序决定转向	☑幅值 □符号 □捷径旋转 □180°反转
快速移动速度 (m/min)	X 50 Y __ Z 50	快速旋转速度 (°/min)	A _____ B _____ C 40000.000	进给速度 (mm/min)	5～8000

236

项 目	参 数	项 目	参 数	项 目	参 数
编程零点及其机床坐标	☑卡盘后端面回转中心 X___ Y___ Z____ □转台偏心 X___ Y___	卧式两轴车床 （水平主轴、刀架后置）	联动 XZ	卧式三轴铣床 （水平刀轴）	联动 XZC
换刀	方式 □随机 ☑顺序 指令 Txx D 位置 G74 X1=0 Z1=0 刀库容量 6	立式三轴铣床 （垂直刀轴）	联动 XZC	车铣主轴转向 M 代码	正转____ 反转____ 停止____
主轴转速（RPM）	48～8000	刀轴与刀具长度补偿	轴 □X、□Y、☑Z 补偿 D Z	摆长	□摆头长____ □转台长____
刀具半径补偿	G01G41Dxx	冷却液	开 M08 关 M09	机床数据	☑技术参数表
准备功能	☑代码表	辅助功能	☑代码表	专业功能	☑代码表
其他		后处理器名称	4TA_F6_9G02_FZ_SEQ		

2. 制定后处理方案

（1）创建 XZ 两轴车削后处理器。

（2）创建 XZC 三轴卧式铣削后处理器。

（3）创建 XZC 三轴立式铣削后处理器。

（4）链接车铣复合后处理器。创建立式三轴铣削后处理器，将 XZ 两轴车削后处理器、XZC 三轴卧式铣削后处理器、XZC 三轴立式铣削后处理器链接在一起，作为车铣复合机床的综合后处理器，自动后处理车削、立铣和卧铣等车削复合工序。

（5）旋转轴属性。XZC 三轴车削复合机床的 Y 轴是虚轴，没有执行部件。第四轴 C 轴是旋转轴，设置行程±999999.9999°，幅值决定坐标转向，180°不反转，没有最短捷径旋转。

3. 创建 XZ 两轴车削后处理器

1）新建文件

双击后处理快捷图标进入 NX/后处理构造器环境→【新建后处理器】→【⊙主后处理】→【⊙毫米】→【⊙车】2 轴→【控制器】⊙一般→【确定】，如图 7-41 所示。UG NX10.0 版本尚无 SIEMENS 系统车床，为了使用宇龙软件仅有的 SIEMENS 系统车铣复合机床仿真，只能选用一般通用数控系统，且应进行必要的修改，偏向 SIEMENS 系统。这里提醒读者，对于 UG NX 后处理未包含的数控系统，可以照此进行。

2）设置一般参数

【机床】→【一般参数】→【输出循环记录】⊙是→【线性轴行程限制】X 180/Y 0/Z 300→【输出方法】⊙刀尖→【转塔】⊙一个转塔→【移刀进给率】最大值 50000→【轴系数】→【直径编程】☑2X、☑2I，如图 7-42 所示。

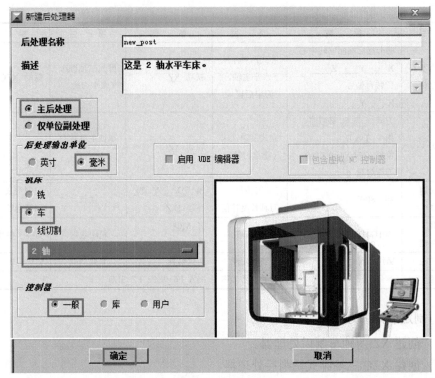

图 7-41　新建文件

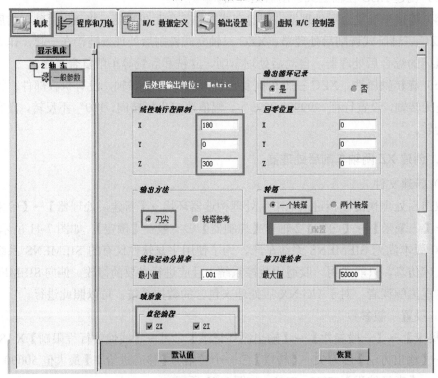

图 7-42　设置一般参数

保存文件。【文件】→【保存】→【确定】→确定保存路径→【文件名】wqh_turn_ZX_ge→【确定】。

3）设置程序起始序列

【程序和刀轨】→【程序】→【程序起始序列】→【程序开始】，仅保留程序行MOM_set_seq_on，如图 7-43 所示。

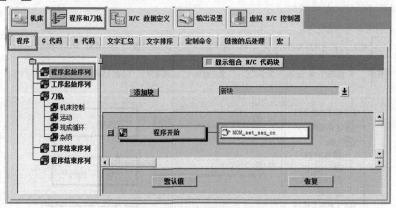

图 7-43　设置程序起始序列

4）设置工序起始序列

【程序和刀轨】→【程序】→【工序起始序列】→仅设置【自动换刀】黄色标签，将其余标签中的程序行全部删除，如图 7-44 所示。

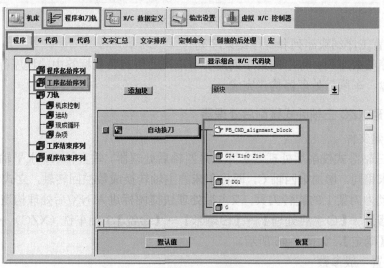

图 7-44　设置工序起始序列

保留原程序段链接命令 PB_CMD_alignment_block。

增加换刀前回参考点程序行 G74 X1=0 Z1=0。

动力刀架顺序换刀指 T D01，T 是刀具号$mom_tool_number，D01 是指 SIEMENS 系统通常优先使用 1 号刀具补偿寄存器。

夹具偏置 G 是 G-MCS Fixture Offset（54～59）。

5）设置运动

【程序和刀轨】→【程序】→【运动】，【线性移动】、【圆周移动】、【快速移动】蓝色标签均添加命令行 PB_CMD_MOM_feedmode，其他保留程序行，如图 7-45 所示。

```
PB_CMD_MOM_feedmode:
global mom_Instruction
MOM_force Once G_feed X Z
```

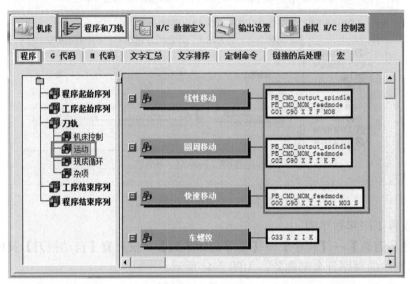

图 7-45　设置运动

6）设置工序结束序列和程序结束序列

将工序结束序列、程序结束序列两大节点下的所有黄色标签中的程序行全部删除，将文件存盘，车削后处理器构建完成。

4．创建 XZC 三轴卧式铣削后处理器

1）新建文件

XZC 三轴卧式铣削后处理器实际上是四轴后处理器。垂直轴 X、水平轴 Z、虚轴 Y 保持与车床相同，增加第四轴 C，即将车床的主轴转换成数控回转轴，立式铣削，水平刀轴 Z 是动力刀架上的旋转刀具。双击后处理快捷图标进入 NX/后处理构造环境→【新建后处理器】→【⊙主后处理】→【⊙毫米】→【⊙铣】3 轴车铣（XZC）→【控制器】⊙一般→【确定】，如图 7-46 所示。

2）设置一般参数

【机床】→【一般参数】→【输出循环记录】⊙是→【线性轴行程限制】X 180/Y 0/Z 300→【移刀进给率】最大值 50000→【初始主轴】Z 轴→【机床模式】⊙XZC 铣→【车后处理】→选择名称 wqh_turn_ZX_ge→【默认坐标模式】⊙极坐标→【循环记录模式】⊙笛卡尔坐标→【轴系数】→【直径编程】☑2X、☑2I，如图 7-47 所示。

保存文件。【文件】→【保存】→【确定】→确定保存路径→【文件名】XZC_MILL_Z_ge_9→【确定】。

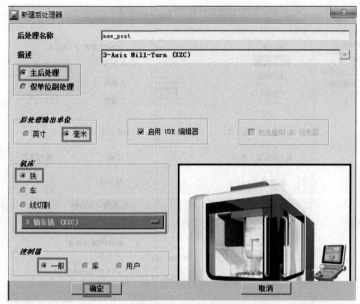

图 7-46　新建文件

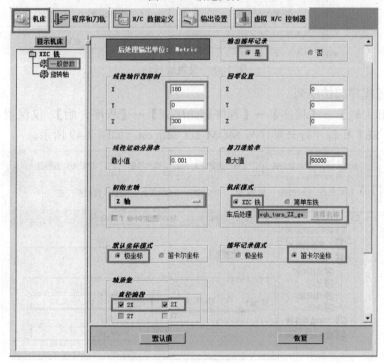

图 7-47　设置一般参数

3）设置旋转轴

【机床】→【旋转轴】→【旋转平面】XY→【文字指引线】C→【最大进给率】40000→
【旋转轴】⊙法向→【轴限制】→【最大值】999999.9999→【最小值】-999999.9999→【轴方
向】幅值决定方向→【轴限制违例处理】⊙退刀/重新进刀，如图 7-48 所示。

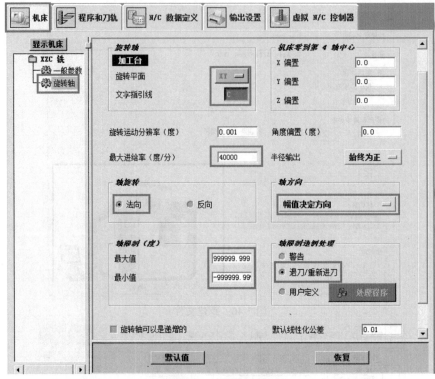

图 7-48 设置旋转轴

4）设置程序起始序列

【程序和刀轨】→【程序】→【程序起始序列】→【程序开始】，仅保留 PB_CMD_fix_RAPID_SET 和程序行开顺序号 MOM_set_seq_on，如图 7-49 所示。

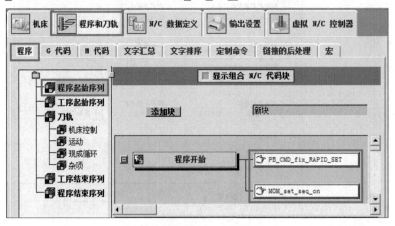

图 7-49 设置程序起始序列

5）设置工序起始序列

【程序和刀轨】→【程序】→【工序起始序列】→保留黄色标签【刀轨开始】中的 PB_CMD_start_of_operat…和【自动换刀】中的 PB_CMD_tool_change_for…，将其余程序行全部删除，仅设置【自动换刀】标签，如图 7-50 所示。

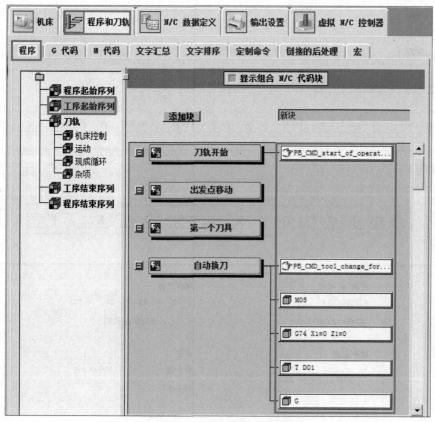

图 7-50　设置工序起始序列

动力刀架顺序换刀指 T D01，T 是刀具号 $mom_tool_number，D01 是指 SIEMENS 系统通常优先使用 1 号刀具补偿寄存器，夹具偏置 G 是 G-MCS Fixture Offset（654～659）。

6）设置运动

【程序和刀轨】→【程序】→【运动】，设置【线性移动】、【圆周移动】、【快速移动】标签，如图 7-51 所示。

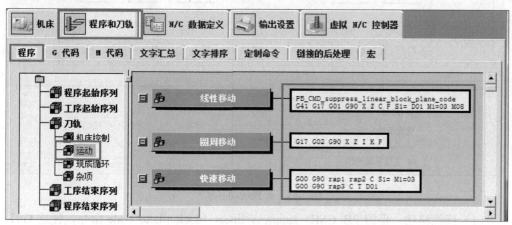

图 7-51　设置运动

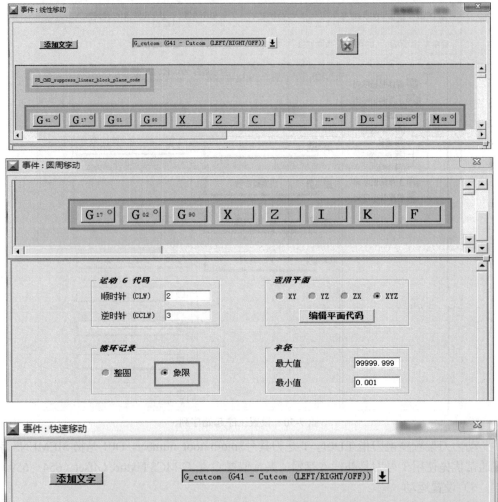

图 7-51　设置运动（续）

（1）线性移动。保留 PB_CMD_suppress_linear_block_plane_code 命令，任选 G41、G17、M08 和刀具半径补偿 D01，S1=、M1=03 是卧式铣削主轴转速和转向 M 代码。

（2）圆周移动。G17、G02 任选，【循环记录】⊙象限。

（3）快速移动。【☑工作平面更改】，G90、刀具号 T 和刀具半径补偿 D01 任选，S1=、M1=03 是卧式铣削主轴转速和转向 M 代码。

7）设置工序结束序列

安全起见，【刀轨结束】M1=05，停止卧式水平铣削主轴旋转，将其他标签全部清空，如图 7-52 所示。

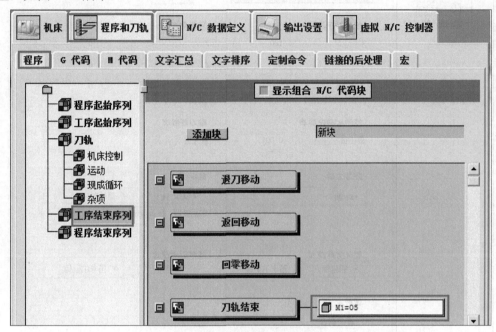

图 7-52　设置工序结束序列

8）设置程序结束序列

将程序结束序列中的所有程序行删除，将文件存盘，卧式铣削后处理器构建完成。

5．创建 XZC 三轴立式铣削后处理器

1）新建文件

XZC 三轴立式铣削后处理器，实际上也是四轴后处理器。垂直轴 X、水平轴 Z、虚轴 Y 保持与车床相同，增加第四轴 C，即将车床的主轴转换成数控回转轴。立式铣削，即垂直刀轴 X，是动力刀架上的旋转刀具。新建文件对话框与图 7-46 XZC 三轴卧式铣削后处理器的相同。

2）设置一般参数

一般参数的设置关键是【初始主轴】+X 轴，其余设置同 XZC 三轴卧式铣削后处理器，如图 7-53 所示。

保存文件。【文件】→【保存】→【确定】→确定保存路径→【文件名】XZC_MILL_X_ge_9→【确定】。

其余旋转轴、程序起始序列、工序起始序列、运动、工序结束序列、程序结束序列的设置与三轴卧式铣削后处理器完全相同。

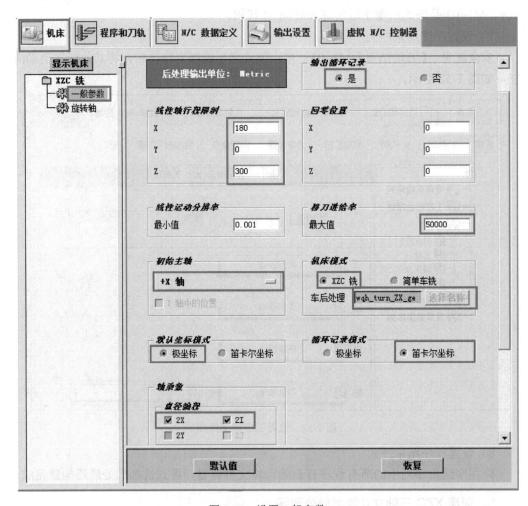

图 7-53　设置一般参数

6. 链接 XZC 三轴车铣复合后处理器

无论是几轴车铣复合，仅创建一个三轴铣床后处理来链接各个独立的车、铣后处理即可。

1）新建 XYZ 三轴立式铣削后处理器

双击【后处理快捷图标】进入 NX/后处理构造环境→【新建】→【⊙主后处理】→【⊙毫米】→【⊙铣】3 轴→【控制器】⊙一般→【确定】，如图 7-54 所示。

2）设置一般参数

【机床】→【一般参数】→【输出循环记录】⊙否→【线性轴行程限制】X 180、Y 0、Z 300→【移刀进给率】最大值 50000→【直径编程】☑2X、☑2I，如图 7-55 所示。

图 7-54　新建 XYZ 三轴立式铣削后处理器

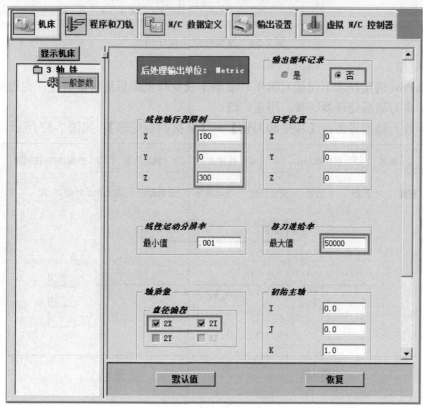

图 7-55　设置一般参数

保存文件。【文件】→【保存】→【确定】→确定保存路径→【文件名】XZC_T_M_
XZ_LINK_GE_9，链接三轴车铣复合后处理器。

3）删除

删除【程序起始序列】、【工序起始序列】、【运动】、【工序结束序列】的所有程序行。

4）设置程序结束序列

【程序和刀轨】→【程序】→【程序结束序列】，按图 7-56 设置。

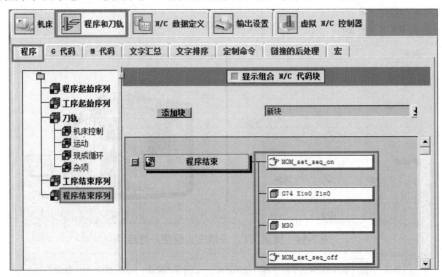

图 7-56　设置程序结束序列

5）链接

Link Post 链接技术不仅能对简单、复杂车铣复合机床后处理器链接，也能对铣头、
多刀塔、多刀架后处理器链接，用途广泛。

（1）进入链接界面。【程序和刀轨】→【链接的后处理】，如图 7-57 所示。

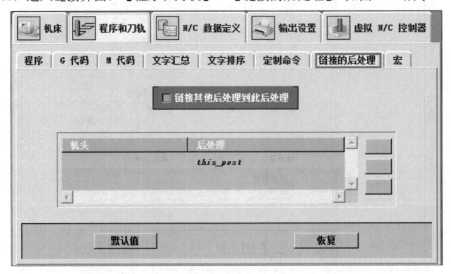

图 7-57　链接界面

（2）链接其他后处理。【☑链接其他后处理到此后处理】，出现如图 7-58 所示的链接的后处理对话框。

图 7-58　链接的后处理对话框

【程序和刀轨】→【链接的后处理】，链接最终车铣复合后处理如图 7-59 所示。

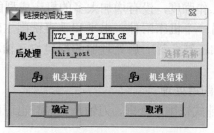

图 7-59　链接最终车铣复合后处理

（3）链接最终车铣复合后处理。【链接的后处理】→【机头】XZC_T_M_XZ_LINK_GE，作为最终车铣复合后处理器→【确定】，如图 7-59 所示。

（4）链接车削后处理。【新建】→【链接的后处理】→【机头】TURN→【选择名称】寻找 wqh_turn_ZX_ge 文件→【打开】→【确定】，如图 7-60 所示。

（5）链接卧式铣削后处理。【新建】→【机头】MILL→【选择名称】寻找 XZC_MILL_Z_ge_9 文件→【打开】→【确定】，如图 7-61 所示。

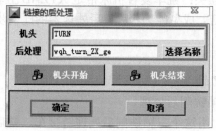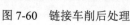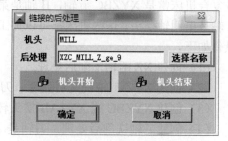

图 7-60　链接车削后处理　　　　　　　图 7-61　链接卧式铣削后处理

（6）链接立式铣削后处理。【新建】→【链接的后处理】→【机头】DRILL→【选择名称】寻找 XZC_MILL_X_ge_9 文件→【打开】→【确定】，如图 7-62 所示。

链接最终车铣复合后处理如图 7-63 所示。需要说明的是，【机头】可以无空格，随意命名，但机头名应与加工方式的【Head】开始事件名相同，应有鲜明特点，便于记忆。删除、编辑可修改链接的后处理名和机头名，但必须事先创建好后处理。调用该复合后处理器前，UG 刀轨应按照项目五的方法，设置各工序所属加工方法的机头。

图 7-62 链接立式铣削后处理

图 7-63 链接最终车铣复合后处理

7.5.4 创建 XZYC 四轴动力刀架车铣复合机床后处理器

XZYC 四轴动力刀架车铣复合机床比 XZC 三轴动力刀架车铣复合机床多一个 Y 轴，以减轻回转轴 C 的工作强度，没有增加太多的机床成型能力，且 Y 轴常与动力刀架被制造成一体，成为另一个机床附件，水平和垂直铣削主轴及其动力由动力刀架提供，铣削主轴不能摆动加工斜孔等，后处理器的构建与三轴动力刀架车铣复合机床类似，具体步骤如下。

（1）创建 XZ 两轴车削后处理。

（2）创建 XYZ 三轴卧式铣削后处理，刀轴是 Z 轴，也可以创建 XYZC 四轴卧式铣削后处理，但意义不大。

（3）创建 XYZC 转台四轴立式铣削后处理，刀轴是 X 轴。

（4）创建三轴铣削后处理，刀轴是 Z 轴。用这个三轴铣削后处理链接车、铣后处理，最终获得车铣复合后处理器。

7.5.5 创建摆头转台五轴车铣/铣车复合机床后处理器

五轴车铣/铣车复合机床不再使用动力刀架，常配刀库和机械手自动随机换刀。车铣复合机床常是 XYZBC 五轴，B 轴是第四轴摆头；铣车复合机床常是 XYZAB 五轴，A 轴是第四轴摆头。这些机床都可以加工斜孔等，成型能力极强。后处理器的建构步骤具体如下。

（1）创建 XZ 两轴车削后处理。

（2）创建 XYZ 三轴铣削后处理，刀轴是 Z 轴。

（3）创建 XYZBC 或 XYZAB 摆头转台五轴铣削后处理。

（4）创建三轴铣削后处理，刀轴是 Z 轴。用这个三轴铣削后处理链接车、铣后处理，获得最终车铣复合后处理器。

7.6 考核与提高

通过做题验证、考核、提高，按 100 分计。填空题、判断题、问答题分别占 10%的分值；定制专门后处理模板题占 30%的分值，定制整机后处理器综合题占 40%的分值。

一、填空题

1）刀轨文件 CLSF 是在（　　　　）的条件下创建的，所以它是（　　　　）加工零件，几乎适用于（　　　　）刀位文件。

2）后处理 POST 就是用（　　　　）把（　　　　）转换成能驱动机床加工零件（　　　）的过程，简称后处理。

3）一台机床最好有一个能全面反映机床功能、可编辑的综合后处理器，包括能输出（　　　　　　　　　　　　　　　　　　　　　　　　　　　　　）等。

4）可编辑后处理器有两个目的，一是予以对这个后处理器进行适当（　　　　），使其成为更适合特殊要求的后处理器，二是便于（　　　　　　　　）提高。

5）用 Post Builder 编辑器创建的后处理器，保存后至少自动生成（　　　　）、（　　　　）和（　　　　　　）三个文件，缺一不可。

6）Post Builder 编辑器以（　　　）为整体，通过（　　　　　　　　　　　）五大节点构建后处理器。

7）无论一个程序中包含多少个工序，后处理仅执行（　　　　）程序起始序列，一个程序的（　　　　　　　　）且要按照数控系统和后处理命令编写。

8）操作起始序列，定义这个程序中的（　　　　　　　　）从开始到刀具第一次移动之间的所有事件。一个程序无论有多少个（　　　　　），每个工序需要（　　　　）有一个操作开始事件，即（　　　　　　　　　　　　　）。

二、判断题

1）在操作起始序列中，无论有没有换刀事件，都会执行每一个工序的刀轨开始标签。工序中有初始点 From Point 时，才会执行出发点移动事件。（　　　）

2）若第一个刀具没有任何程序行，则按自动换刀标签的事件处理过程来输出。设置第一个刀具时，无论包含几个工序，仅在执行第一个工序时执行一次。只有当前的工序和前一个工序的刀具不同时，才执行自动换刀 AUT exchange Tool 标签。（　　　）

3）如果程序中有几个工序公用一个刀具，无论是自动换刀还是手工换刀，第一个工序执行初始移动，其他工序执行第一次移动；若每个工序各用一把刀具，则每个工序均执行初始移动，而不执行第一次移动。（　　　）

4）工序中有相应的运动事件，就输出相应的逼近运动、进刀、第一次切削、第一次线性移动和其中的程序行。（　　　）

5）机床控制仅对影响程序输出格式的个别标签加以编辑，如刀具半径补偿取消 G40，不能将其写成单程序段格式，别的机床控制常在其他节点的程序行中专门设置。（　　　）

6）运动事件定义处理刀位文件中 GOTO 语句的方式。当进给速度为 0 或大于最大进给速度时，用快速移动（Rapid Move）来处理；当进给速度不为 0 或小于最大进给速度时，用线性移动（Linear Move）来处理。还有圆弧插补、Nurbs 运动事件等。（　　　）

7）操作结束序列定义从最后退刀运动到操作结束之间的事件。　　　（　　）

8）无论一个程序中包含多少个工序，后处理仅执行一次程序起始序列和程序结束序列两大节点，而要分别执行每个工序的起始序列、刀轨和结束序列三大节点。（　　）

三、问答题

1．旋转轴转向的标准确定法则是什么？

2．旋转轴的线性行程和 EIA（360°绝对）行程有何特点？

3．怎么解释幅值决定转向？

4．怎么解释符号决定转向？

5．怎么解释旋转轴最短距离或最短捷径旋转？

四、定制专门后处理模板题

1．顺序换刀和随机换刀。

2．回转坐标轴夹紧与松开。

3．定向加工方式与联动加工方式的判别。

4．坐标平移和坐标旋转变换。

5．加工时间计算。

五、定制整机后处理器综合题

1．定制双摆头、随机换刀、自动判别 3+2 轴定向与 5 轴联动加工后处理器一例。

2．定制卧式车削主轴、铣削摆头、随机换刀、车铣复合加工机床后处理器一例。